はじめに

本書は、「文理を問わず、全ての大学・高専生が、課程にて初級レベルの数理・データサイエンス・AIを習得」という政府発表に基づき、数理・データサイエンス・AI分野のリテラシーレベルの知識を習得することを目的とした学習教材です。

近年、データサイエンス（データの分析と活用）の重要性が急激に高まっています。また、AIが急速に発展している現在、データやAIを使いこなすスキルが、これまで以上に求められています。

これらのスキルも、身近なツールであるExcelを使うことで、統計学などの専門知識がなくても比較的簡単に身に着けることができます。

また、随所に習熟度を確認するための演習問題を用意しています。これらの問題を自分の力で解くことによって、さらなる実力アップを図ることができます。

本書が、情報化社会に対応する能力の育成の一助となれば幸いです。

本書を購入される前に必ずご一読ください

本書は、2023年10月現在のWindows 11およびMicrosoft 365に基づいて解説しています。Windows Updateによって機能が更新された場合には、本書の記載の通りに操作できなくなる可能性があります。あらかじめご了承の上、ご購入・ご利用ください。
本書を開発した環境は、次のとおりです。
- Windows 11(22H2 22621.2361)
- Microsoft 365 Personal(2309 16.0.16827.20130)

2023年12月24日
FOM出版

目次

第 1 章　社会で起きている変化

第 2 章　AI 時代の到来

第 3 章　データを守るための留意事項

第 4 章　データ活用と必要なスキル

本書では、数理・データサイエンス・AIの「導入」「基礎」「心得」についての基本的な知識を紹介しています。
主に取り扱っている章は、次のとおりです。

導入 社会におけるデータ・AI利活用
第1章〜第3章

基礎 データリテラシー
第4章〜第12章

心得 データ・AI利活用における留意事項
第3章

学習環境について

本書で学習するには、次のソフトウェアが必要です。

● Windows 11
● Microsoft Excel

本書を開発した環境は、次のとおりです。

・OS　　　　　　　：Windows 11（22H2 22621.2361）
・アプリケーション：Microsoft 365 Personal（2309 16.0.16827.20130）
・ディスプレイ　　：画面解像度1280×768ピクセル

※テキスト内の画面表示は、画面解像度を変更しているものもあります。
※インターネットに接続できる環境で学習することを前提に記述しています。
※環境によっては、画面の表示が異なる場合や記載の機能が操作できない場合があります。

本書の最新情報および学習ファイルについて

本書に関する最新のQ&A情報や訂正情報、重要なお知らせなどについては、FOM
出版のホームページでご確認ください。
また、本書で使用するファイルは、FOM出版のホームページで提供しています。
ダウンロードしてご利用ください。

ホームページアドレス

> https://www.fom.fujitsu.com/goods/

ホームページ検索用キーワード

> FOM出版

※アドレスを入力するとき、間違いがないか確認してください。

◆ダウンロード

学習ファイルをダウンロードする方法は、次のとおりです。

① ブラウザーを起動し、FOM出版のホームページを表示します。

※アドレスを直接入力するか、キーワードでホームページを検索します。

②《ダウンロード》をクリックします。

③《学校向け教材》の《学校向け教材》をクリックします。

④《はじめて学ぶ 数理・データサイエンス・AI》の「fpt2313.zip」をクリックします。

⑤ ダウンロードが完了したら、ブラウザーを終了します。

※ダウンロードしたファイルは、パソコン内のフォルダー「ダウンロード」に保存されます。解凍してご利用ください。解凍方法はFOM出版のホームページでご確認ください。

01 情報を使いこなす社会

> データ活用できるようにすることが当たり前な世の中になっているようですが、そもそもどんなことがきっかけでそのようになっているんですか？

> 世界の動きに取り残されないように、様々な要素が絡み合っているんだ。まずはどのような時代になっていくのか確認してみましょう。

これまでの社会とこれからの社会

　「Society 5.0(ソサエティ5.0)」とは、インターネットなどのサイバー空間(仮想空間)と人間が暮らす現実世界であるフィジカル空間(現実空間)を高度に融合させたシステムにより、経済発展と社会的課題の解決を両立する、人間中心の社会のことです。政府が提唱するもので、超スマート社会を意味し、狩猟社会(Society 1.0)、農耕社会(Society 2.0)、工業社会(Society 3.0)、情報社会(Society 4.0)に続くものです。

　Society 4.0で提唱していた情報社会では、知識や情報の共有・連携が不十分、地域の課題や高齢者のニーズなどに十分に対応できない、必要な情報の探索・分析が負担になる、年齢や障害などによる労働や行動範囲の制約などがありました。

　Society 5.0で実現する社会はSociety 4.0の課題や制約を解決するもので、具体的に次のようなものがあります。

- ●IoTですべての人とモノがつながり、様々な知識や情報が共有され、今までにない新たな価値を生み出すことで、知識や情報の共有・連携が不十分という課題が克服される。
- ●AI(人工知能)により、必要な情報が必要なときに提供されるようになり、ロボットや自動走行車などの技術で、少子高齢化、地方の過疎化、貧富の格差などの課題が克服される。
- ●社会のイノベーション(変革)を通じて、これまでの閉塞感を打破し、希望の持てる社会、世代を超えて互いに尊重し合える社会、一人ひとりが快適で活躍できる社会となる。

　Society 5.0では、フィジカル空間に配置したIoTセンサーからの膨大な情報が、サイバー空間に集積されます。サイバー空間では、ここで集積されたデータをビッグデータとしてAIが解析、その解析結果をフィジカル空間の人間が活用できるようになります。これまでの情報社会では、人間が情報を解析し価値を生み出してきましたが、Society 5.0では、様々なところから集積された膨大なビッグデータを、膨大なデータを処理することが得意なAIが解析、その結果を人間が活用することができるようになることで、これまでにはできなかった新たな価値が産業や社会にもたらされることになります。

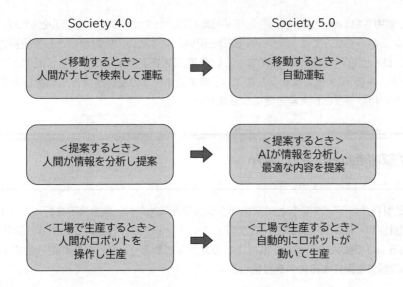

Society 4.0 / Society 5.0 の図

世界を変えるDX

「DX」とは、デジタルの技術が生活を変革することです。「デジタルトランスフォーメーション」ともいいます。DXでは、様々な活動について、ICTをベースにして変革することになります。特に企業においては、ICTをベースにして事業活動全体を再構築することを意味します。

例えば、音楽の定額聴き放題サービスや動画の配信サービスなどは、スマートフォンやクラウドサービスを組み合わせることにより、従来のCDを中心とした音楽業界や映画館を脅かすまでの存在になっています。このように、従来までの枠組みを破壊し、ICTを駆使して、より顧客の利便性を追求するような変革を行う企業が、DXを実現する企業といえます。

また、DXの進展によって、今後生活者は様々な恩恵を受けられるようになる半面、企業はDXに向けた変革に対応していく必要があります。DXの時代においては、現在アナログで行われている多くのサービスが、クラウド経由で人々に提供されるようになってきています。そのため、企業にはデジタル化の波に乗り続けることが要求されます。

デジタル化の波に乗り遅れると、企業自体の存続が難しくなるといわれています。そのためにはDXにしっかりと対応していくことが必要です。

社会環境やビジネス環境の変化に対応するために、企業や組織を中心として、社会全体でDXが加速する時代になっています。また、社会全体で、DXが推進されるような状況にもなっています。

このようなDXの時代では、ICTが浸透し、人々の生活や社会をよりよい方向に変化させるという考え方があります。ICTとは、情報通信技術のことです。

DXを正しく理解し、活用できる能力のことを「DXリテラシー」といいます。経済産業省が2022年3月に策定した「DXリテラシー標準 Ver.1.0」では、働き手一人ひとりがDXリテラシーを身に付けることで、DXを自分のこととしてとらえ、変革に向けて行動できるようになるとしています。DXで活用されるデータ・技術においては、ハードウェアやソフトウェア、ネットワーク、クラウド、AIといったデジタル技術が活用されます。これらはICTの中心的な技術として位置付けられています。

また、DXで活用されるデータ・技術を活用する際には、セキュリティやモラルといったものが重要になってきます。これらもICTでは、デジタル技術を使いこなすための留意事項として重視されています。

このように、DXとICTは密接な関係になっています。DXを実現するためには、ICTは必要不可欠なものともいえます。今後、DXを実現するためには、ますますICTの浸透が大きく影響しますので、正しいICTの知識を身に付けることが大変重要になります。

データ駆動型社会とは何か

「データ駆動型」とは、データをもとに次のアクションを決めたり、意思決定を行ったりすることです。「データ駆動型社会」とは、データをもとに次のアクションを決める社会のことです。近年、ビッグデータに代表されるように膨大なデータが蓄積される背景などもあり、データ駆動型社会によって、経済発展と社会課題の解決を両立する社会を目指します。

国家戦略特区法とは何か

「スーパーシティ」とは、AIやビッグデータを活用し、社会の在り方を根本から変えるような都市設計の動きが急速に進展していることを背景に、ドローンや自動運転バスなどの技術を活用し、未来の暮らしを先行的に実現する未来都市のことです。

「国家戦略特区法」とは、「スーパーシティ法」ともいい、スーパーシティの実現に必要な要件を盛り込んだ法律のことです。2015年に制定され、2020年に改正されました。地域や分野を限定して、規制・制度の大胆な緩和や税制面の優遇を行う制度などが含まれています。また、複数の先端的サービス間でデータを収集・整理し、提供するデータ連携基盤の整備事業を法制化して、事業の実施主体が国や自治体などに対して保有データの提出を求めることができるようにします。

日常生活で活躍するICT

日常使用しているパソコンやスマートフォン以外にも、日常生活の多くの場面で様々なICTが活躍しています。ここでは、ICTが日常生活にどれくらい密接し活用されているかを紹介します。

● 金融機関のオンラインシステム

ATMをはじめとする金融機関のオンラインシステムによって、銀行間で資金の移動が簡単に行えるようになりました。振り込みなどの手続きを営業時間外に行えるなど、利便性が向上しています。

● オンライン予約

インターネットのWebページによって、旅行の予約や各種チケット販売、航空機や鉄道の座席予約などの商取引システムが提供されています。

予約時にわざわざ代理店まで出向く必要がなく、料金や空き状況などを確認したうえで計画できるため、利便性が向上しています。

●カード決済

決済の手段として現在広く利用されているクレジットカードやデビットカードには、ICチップが組み込まれており、現金に代わる決済方法として人々の生活を支えています。

●QRコード決済

スマートフォンのアプリからQRコードを読み込んで代金を支払う決済方法が普及しています。現金に代わる決済方法として、急速に人々の生活を支えるようになっています。

●POSシステム

バーコードを利用したPOSシステムは、コンビニエンスストアやスーパーマーケットなどで活用されており、購入した商品の情報や買い物客の年齢層などの情報を収集しています。収集した情報は、商品開発や店舗展開などの戦略に活かしたり、季節や地域、時間帯などによって発注量や在庫量を管理したりするのに役立てられます。また、POSシステムに対応した電子マネーによって電子決済することができるPOSレジも普及しており、様々な店舗で活用されています。

●工場の製造ライン

製造業の工場にもICTが導入されています。ICTを搭載した産業ロボットや製造ラインによって、製品の組み立てや品質検査、梱包、出荷などを自動化できます。これらは、正確かつ高速な作業や生産性の向上に役立っています。

●家電製品

水流を自動的に調整する洗濯機や、食材を管理できる冷蔵庫、料理に合わせて最適な方法で加熱する電子レンジなど、ICTの制御によって、家電製品は複雑な作業を行うことが可能になっています。これらの家電製品にはマイクロコンピュータが組み込まれており、遠隔地から操作できるものもあります。

●自動車

自動車にもICTが搭載されています。エンジンの総合的な制御や、歩行者や障害物を検知して運転速度を調整する機能、前を走行している車両との車間距離を保つ機能などを付加することによって、環境や安全性に配慮しています。

●産業機器

工業設備機器や信号機、エレベータなど、様々な産業を実現するために使われる機器にもICTが内蔵されています。そのほか、飲料などの物品を販売する自動販売機や、自動改札などのサービスを提供する自動サービス機など、様々な機器が生活に密着しています。

●気象予報

気温・湿度・気圧・風速・風向などの気象データの観測には大規模にICTが使われており、観測した気象データを瞬時に解析し、気象を予測しています。日々の天気予報のほか、防災気象情報を迅速に発表し警戒を呼びかけるなど、災害の防止・軽減に役立っています。

●医療用機器や科学用機器

医療用の手術用品や処置用機器にもICTが利用され、ハイテク化しています。これにより、内視鏡手術や遠隔手術などが実現可能となっています。

また、電圧や温度、光などの様々な変化を検出し計測するセンサーを内蔵した科学用機器の開発により、科学技術の進歩にも役立っています。

●GPS

人工衛星を利用して衛星から電波を受信し、自分が地球上のどこにいるのかを正確に割り出すシステムのことです。「全地球測位システム」ともいいます。受信機が、人工衛星が発信している電波を受信して、その電波が届く時間（発信時刻と受信時刻の差など）により、受信機と人工衛星との距離を計算します。3つ以上の人工衛星から受信した情報で計算し、位置を測定しています。

カーナビゲーションやバスロケーションシステム、スマートフォンなどでも利用されています。

●防犯システム

敷地や建物の防犯システムとして、生体認証や電子キー、監視カメラなどが使われています。従来は人と人との信頼関係で行われていた防犯対策をICT化することによって、建物の入退室管理や本人確認などの厳密化に役立っています。

ICTによる情報処理の変化

様々な場面でICTが利用されることによって、従来の情報処理の過程は、次のように変化しています。

●e-コマース

従来は直接出向いたり電話したりして取引することがほとんどでしたが、現在は、e-コマースが物品やサービスを購入する際の主要な手段の1つとして選択されるようになりました。オンライントレードによる株取引やオンラインショップでの商品購入など、e-コマースの活用が広がっています。

●流通経路の変化

e-コマースの活用により、企業が従来の流通経路に依存するのではなく、小売店や顧客と直接取引を行えるようになりました。資材の調達から在庫管理、製品の配送までをICTやインターネットを利用して総合的に管理することも多くなっています。

●ニュースや情報の発信

従来のインターネットは、マスメディアがニュースやその他の情報を発信していました。しかし、現在は、個人でもニュースやその他の情報、制作した音楽やビデオなどを発信できるようになっています。これは、ICTや周辺機器の高性能化、通信の高速化、SNSやブログなどの普及に伴うものです。

●オンラインでの学習

従来の学習方法は、教室での集合教育や、書籍や参考書による自習がほとんどでした。しかし、インターネットの普及によって、離れた場所の教育機関での教育を受けられるようになっています。例えば、インターネットを介して画像や音声を中継する仕組みを用いて大学や予備校の講義を遠隔地に向けて配信したり、オンライン会議（Web会議）を用いてマンツーマン指導をしたりするなど、時間的制約や地域的な格差のない学習機会が与えられることができるようになっています。

●生産効率の向上

ICTやインターネットの普及は、製造業にも技術革新をもたらしています。産業ロボットを導入して作業者の肉体的負担を軽減したり、製造ラインを自動化したりするなど、従来は作業者の熟練した技術に頼っていたことをICTで制御することによって、生産性が劇的に向上しています。

●業務の効率化

近年、人々の業務も変化しています。グループウェアなどを使って世界的な規模でコミュニケーションをとったり、共同作業を行ったりすることが容易になっています。そのため、在宅で勤務する形態も増えてきました。さらに、給与支払いや保険など、雇用に関する諸手続きを自動化するシステムが開発されたり、ネットワーク上のアプリケーションソフトやリソースを利用して共同作業を行うシステムが開発されたりするなど、業務が効率化されています。

●コミュニティーの多様化

インターネットのサービスであるSNSやブログなどは、人々の交流や情報交換の方法を変化させました。こうしたコミュニティーが、地理的な境界を越えて、共通の関心を持つ人々を結び付けるようになり、人と人との結び付きが多様化しています。

●災害復興の支援

テレビやラジオに代わる、迅速な災害復興の手立てとしてインターネットが役立っています。緊急地震速報の配信や災害用伝言板の活用など、最も速い情報の配信手段として使われています。

LET'S TRY

最近、皆さんの周りでデジタルを使った便利なサービスがないか、確認してみましょう。

IoTですべてのモノがつながる

IoTという言葉が出てきたのですが、具体的にどのような ものですか？

IoTは、「Internet of Things」の略なんだ。ありとあらゆるものがインター ネットに接続されていく世界がどのようなものになるか、確認してみましょう。

あらゆるものがIoTでつながる

「IoT」とは、コンピュータなどのIT機器だけではなく、産業用機械・家電・自動車から洋服・靴など のアナログ製品に至るまで、ありとあらゆるモノをインターネットに接続する技術のことです。「モノの インターネット」ともいいます。

IoTは、センサーを搭載した機器や制御装置などが直接インターネットにつながり、それらがネット ワークを通じて様々な情報をやり取りする仕組みを持ちます。

IoTのコンセプトと同様の、モノや機械などをネットワークに接続する技術は以前からありました。 しかし、次の3つの理由によって、現在、IoTは大きな注目を集めています。

- 情報を収集するセンサーの小型化・低コスト化・高機能化により、あらゆるモノにセンサーを付けるこ とができるようになった。
- 通信回線の高速化や大容量化により、センサーが収集したデータを送信しやすくなった。
- クラウドサービスの低価格化や高機能化やAIの進化により、収集したデータを大量に蓄積したり、分 析したりして、活用しやすくなった。

このようにIoTの環境が整備された結果、様々なモノから膨大なデータを収集・蓄積・分析できるよ うになり、IoTを活用することで、あらゆる分野で高い付加価値を生むことができるようになりました。

IoTは、金融・農業・医療・物流などの各種産業において活用されています。各種産業でのIoTの活用 例には、次のようなものがあります。

● 金融の分野

ウェアラブル端末を利用して、保険加入者の歩数や消費カロリーを計測します。それらのデータを分 析し、健康改善の度合いに応じて保険料割引などを実施する医療保険サービスで活用されています。

●農業の分野

　牛の首に取り付けたウェアラブル端末から、リアルタイムに牛の活動情報を取得してクラウド上のAIで分析します。繁殖に必要な発情情報、疾病兆候など注意すべき牛を検出し、管理者へ提供する牛群管理サービスで活用されています。

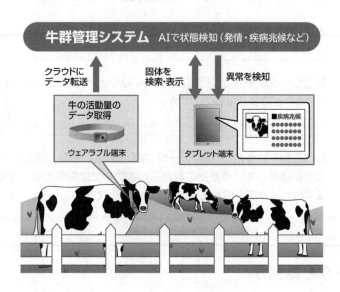

●医療の分野

　病院のベッドのマットレスの下にセンサーを設置し、入院患者の心拍数・呼吸数・起き上がり・離床に加え、クラウドでのデータ分析により、睡眠状態と覚醒状態の判定まで実施します。これらの状況を管理室で一元管理する医師・看護師向け支援サービスで活用されています。

●物流の分野

　すべての商品にセンサーを取り付け、倉庫への入庫・出庫時の検品作業を自動化します。さらに、在庫情報や受注情報から、倉庫内の最適配置を提案する物流支援サービスで活用されています。

●電力の分野

　検針員（人）に代わって、電力会社がインターネットに接続された電力メータと通信することにより、各家庭の電力使用量を遠隔計測するサービスで活用されています。

LET'S TRY

　すべてのモノにセンサーを取り付けることができると仮定した場合、何にどんなセンサーを取り付けてみたいですか。また、そのセンサーを取り付けることで、どんな便利な世界になるか考えてみましょう。

ビッグデータの活用

最近ビッグデータという言葉をよく聞くようになったんですが、どのようなものですか。

ひとことでいうと「大量のデータ」なんだけど、その大量のデータをどのように活かしていくかがこれからの世の中では重要になってくるんだ。まずはビッグデータがどんなものか確認してみましょう。

ビッグデータとは何か

　「ビッグデータ」とは、これまで一般的だったデータベース管理システムでは取り扱いが困難な巨大かつ複雑なデータ群のことです。大量・多様な形式・リアルタイム性などの特徴を持つデータです。

　従来のデータベース管理システムでは、販売・生産に関わる数値情報や顧客情報など、定型化された構造化データを取り扱っていました。しかし、IoTが一般的になるにつれ、生産現場や公共の場所、家庭、人体（ウェアラブル端末）などに設置された無数のセンサーから、リアルタイムに膨大な量のデータを取得できるようになりました。

　また、人々が利用するスマートフォンやタブレット、SNSなどからは、単なるテキストではない、画像・音声・動画などの様々な種別のデータも大量に発生します。このような、きちんと整理されていないデータのことを、非構造化データを呼ぶこともあります。

　以前は、このような膨大なビッグデータを処理することは不可能でしたが、現在においては、通信の高速化やサーバの性能向上などにより可能になっており、最近ではAIによるデータ分析も行われています。さらに、収集・蓄積・分析したビッグデータを、社会や産業、我々の生活に向けて、いかに価値ある活用ができるかということが重要になります。

ビッグデータの分類

　ビッグデータについては、様々な考え方の分類法があります。その1つとして、総務省では、個人・企業・政府の3つの主体が生成するデータに着目し、次の4つに分類しています。

種　類	説　明
政府：オープンデータ	国や地方公共団体が保有する公共情報のこと。官民でデータを活用するため、開示が推進されている。
企業：知のデジタル化	企業の暗黙知(ノウハウ)をデジタル化・構造化したデータのこと。今後、多様な分野・産業などで、様々なノウハウがデジタル化されることが想定されている。
企業：M2Mデータ	設備や機械装置、建築物など、いわゆるモノとモノをネットワークで接続し、モノ同士で交換されるデータのこと。 M2Mは、Machine to Machineの略です。
個人：パーソナルデータ	個人属性、行動履歴、ウェアラブル端末から収集された情報などの個人情報のこと。また、ビジネス目的などのために、特定個人を判別できないように加工された匿名加工情報も含む。

「知のデジタル化」と「M2Mデータ」を合わせたものを「産業データ」と呼ぶこともあります。

ビッグデータの活用方法

　ビッグデータの活用方法には、様々なものがあります。総務省で着目する3つの主体である「オープンデータ」「産業データ」「パーソナルデータ」では、次のような活用方法があります。

種　類	活用方法
オープンデータ (国・自治体)	・自治体の予算・税収・支出を見える化し、国民一人ひとりが税金の使われ方について責任ある意見をいえるように支援する。 ・図書館の各席の空き状況を提供し、利用者が参照できるようにする。 ・地域の防犯情報やAED設置場所をアプリで提供し、防犯意識を高めたり、急病人発生のケースに活用したりする。
産業データ (企業)	・工場内の生産性向上やコスト削減を目的にデータを収集・活用する(製造業)。 ・農業の生産性向上を目的に気象データなどを収集・活用する(農業)。 ・各種ヘルスケアサービス提供のため、顧客のウェアラブル端末から体調データを収集・活用する(健康産業)。 ・航空機の安全運航のため、エンジンの稼働データを収集し、故障の予兆発見などに活用する(航空)。
パーソナルデータ (個人)	・企業の各種サービスの提供を受けるため、各企業に提供する。 ・各企業は、マーケティングなどに活用するため、個人の了承を得たうえで、データを収集・活用する。

ビッグデータの分析方法

ビッグデータの分析方法には、次のようなものがあります。

種　類	説　明
クロス集計分析	あるデータを、何らかの基準(切り口)ごとに集計し、分析する手法のこと。 例えば、コンビニエンスストア各店の売上金額を、男女別、年代別、曜日別などに分けて分析することにより、それぞれの属性間の関係を知ることができる。
アソシエーション分析	蓄積されたデータの中から、一見関係のない2つの事象が、ともに起きやすい傾向などを調べるための手法のこと。 例えば、スーパーの販売データの中から、「ビールと紙おむつが同時に購入されやすい」などの傾向がわかれば、両者の売り場を接近させるなどし、さらに同時購入を増加させることができる。
ロジスティック回帰分析	「YES」「NO」のどちらかの値を持つ複数の要因を分析し、物事の発生確率を予測する手法のこと。医療分野において、病気の発症確率を求めるときなどに使われる。 例えば、「飲酒習慣の有無」「運動習慣の有無」から生活習慣病の発症確率を求めることなどが挙げられる。
クラスター分析	様々な性質のものが混在している集団の中から、似たようなものを集めた群(クラスター)を作り、分析する手法のこと。 例えば、顧客の嗜好特性の分析や、製品ブランドのポジショニングの分析などに使われる。
デシジョンツリー分析 (決定木分析)	あるデータの集団から予測や分類をするための手法のことであり、「もし～だとしたら」の仮説をもとに、データの集団を細分化していき、どのような仮説によって、どのような予測・分類が求められるのかを分析する。 例えば、膨大な顧客データの中から、自社の新製品を購入する確率が高い人は、どのような属性であるかなどを分析する。

ビッグデータを活用する際の留意点や課題

ビッグデータを活用する際の留意点や課題としては、次のようなものが挙げられます。

1) 目的を明確化する

ビッグデータの活用においては、ビッグデータを分析することが目的ではなく、その分析結果からビジネス上の知見を得て、ビジネス上の目標を達成することが真の目的となります。常に目的に合致した活動を行っているかを確認する必要があります。

2) データの消失や搾取に対するリスクに備える

ビッグデータを蓄積・分析する際には、クラウドサービスなど、外部業者のサービスを利用することが多くあります。業者の選定にあたっては、セキュリティ要件を確認し、最も信頼できる業者を選びます。

また、企業の情報漏えいなどのセキュリティ事故においては、企業内部の人的ミスや内部犯による搾取などが多くの割合を占めます。内部のセキュリティ対策について、適切な対応が必要です。

3) プライバシーに考慮する

企業が扱う情報には、多くの個人情報が含まれます。個人情報保護法を遵守し、適切な管理を行います。

4) 迅速なデータ処理へ対応する

ビッグデータは膨大な量のため、利用するプラットフォームやサービスによっては、十分な性能を出せず、分析・活用に遅延が発生するケースがあります。ビジネス活用においては、そうした遅延が重大な機会損失を引き起こしかねません。処理性能の観点から、プラットフォームやサービスの要件を確認する必要があります。ここでいう「プラットフォーム」とは、アプリケーションソフトウェアが稼働するためのハードウェアやOSなどの基盤のことです。

5) データサイエンティストを安定的に確保する

現在、ビッグデータ分析に対する需要の広がりに対し、数学的な素養とビジネス的な知見を併せ持つ優秀な「データサイエンティスト」は、非常に不足している状況ですが、安定的に確保する必要があります。

データサイエンティストを社外から招へいすることや、内部育成することが考えられますが、どちらにおいても、魅力的な業務内容や報酬など、自社で安定的に活躍してもらえる環境作りが必要です。

LET'S TRY

演 習

ビッグデータを利用して提供しているサービスにはどのようなものがあるか調べてみましょう。

04 データを取り扱う際の注意点

データを取り扱うにはどのような点に注意をすればよいですか？

 法律に則るのはもちろんだけど、倫理面などにも考慮しつつ データを取り扱うのが望ましいんです。

科学技術の発展に伴って

「ELSI」とは、科学技術が社会との関係の中で生じる、Ethical（倫理的）、Legal（法的）、Social Issues（社会的課題）のことです。「エルシー」と呼ばれます。

科学技術を推進していく過程で、研究が進展することによって「できることが拡大」していくことを見据え、「やってよいこと」、「やらなければならないこと」、「やってはならないこと」を検討することを表したものです。

1980年代に生命科学分野で、科学技術のみならずその社会的責任を考える必要を認め、提唱された概念ですが、今ではあらゆる科学分野でELSIの考え方が必要とされています。

倫理的	：正義、公平性、尊厳などの普遍的な概念としてとらえられる
法的	：すでにある法律との関連で問われる。技術の後追いではあるものの、法がアップデートされることもある
社会的問題	：社会的話題（世論）として見られ、その時々によって変化しやすいものである

データの適切な取り扱い

データを取り扱っている際に、そのデータは客観性や再現性が確保されることが重要です。そのためにも、データを適切に取り扱うことは最低限必要な条件となります。

ここでは、絶対に行ってはならないデータの取り扱いの例を紹介します。

1）ねつ造

「ねつ造」とは、実際にはなかったことを、事実のように仕立て上げることです。存在しないデータや研究結果を作り上げるようなことを指します。過去には、実験用の白いマウスの皮膚を、黒いフェルトペンで塗ることで、「白いマウスの皮膚に黒い皮膚を移植できた」と発表した研究者もいました。

2）改ざん

「改ざん」とは、研究活動によって得られたデータを、真実ではない値に加工することです。研究前に立てた仮説に沿わない実験データなどの数値を加工したり削除したりすることなどが当てはまります。

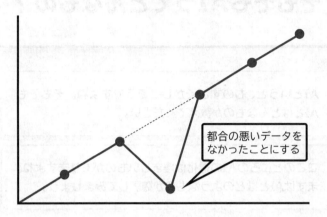

都合の悪いデータをなかったことにする

3）盗用

「盗用」とは、他人のアイデアやデータ、研究結果などを、不正に使い回すことです。コピペなども盗用にあたるので、引用したい場合は、引用をしたことを明確にわかるようにし、自分の文章と他人の文章が明確にわかるように区別する必要があります。

他人の文章などを軽い気持ちで使ってしまうと、「盗用」になる可能性があるので注意しましょう。

そのデータ、そのまま使えるの？

データを収集したり分析したりする場合、データにバイアス（偏り）がないように気を付ける必要があります。

バイアスとは、傾向、先入観、偏見、差別などの意味を持つ語句で、データバイアスとは、偏見などがある偏ったデータのことです。

例えば、ある製品の評価を、特定のSNSの投稿のみを検索して収集することなどが挙げられます。この場合、そもそもそのSNSを使っている人の年齢や性別などが、製品の評価に適した層なのかを考慮しないと、収集したデータが役に立つデータなのかどうかの判断を間違ってしまうことにもなりかねないのです。

LET'S TRY

演 習

他の人の文章を引用する際のルールについて、再確認してみましょう。

01 そもそもAIってどんなもの?

AIというと、ものすごくかしこそうですよね。そもそもAIとはどんなものか教えてください。

ここのところのAIの進化は凄まじいものがありますよね。まずはAIとはどのようなものか確認してみましょう。

注目のテクノロジーであるAI

近年、最も注目を集めているテクノロジーとして「AI」があります。

AIとは、人間の脳がつかさどる機能を分析して、その機能を人工的に実現させようとする試み、またはその機能を持たせた装置やシステムのことです。AIは「人工知能」ともいいます。言葉を理解したり、推論によって解答を導いたりなど、コンピュータが知的な学習や判断を実現できるシステムは、AIによって実現されています。

AIの歴史を振り返ってみよう

AIは古くから研究されてきており、現在は第3次AIブームといわれています。

第1次AIブームは、1950年代後半〜1960年代において、探索と推論がコンピュータで処理できるようになったことから注目されました。しかし、ルールに外れた課題が解決できないことなどからブームが去りました。第2次AIブームは、1980年代〜1990年代において、専門家(エキスパート)の知識をコンピュータに移植し、処理できるようになったことから注目されました。しかし、知識を移植するのにコストや時間がかかること、膨大な知識を移植するのが難しいことなどからブームが去りました。

第3次AIブームは、2000年代から現在において、機械学習とディープラーニングが注目されることで、現在のブームに至っています。

ブーム	説 明
第1次AIブーム (1950年代後半〜1960年代)	「推論」「探索」といったアルゴリズムを使って、ゲームやパズルの解法を見つけるなどの成果を上げたが、実際に現実の問題を解くことは難しく、ブームは下火となった。

ブーム	説 明
第2次AIブーム (1980年代～1990年代前半)	限られた分野の知識をルール化してコンピュータに入力し、コンピュータをその分野の専門家とする「エキスパートシステム」が注目された。しかし、エキスパートシステムを汎用化しようとすると、入力が必要な知識の量が膨大となり、多くのプロジェクトが頓挫した。
第3次AIブーム (2000年代～現在)	エキスパートシステムのように人間が知識を入力するのではなく、「AI(コンピュータ)に自分自身で学習させる」という「機械学習」や「ディープラーニング」が注目されるようになった。なお、第3次AIブームは、一過性ではなく、社会においてAIが本格的に定着するのではないかと期待されている。その理由は次のとおり。 ・コンピュータ処理速度の向上 ・大量のデジタルデータが出回ることによる、AIの学習用データの増加 ・演算手法の改善

機械学習とディープラーニング

　「機械学習」とは、AIに大量のデータを読み込ませることにより、AI自身がデータのルールや関係性を発見し、分類するなど、「AIが自分で学習する」という点が特徴のAI技術のことです。

　機械学習が誕生した背景には、コンピュータの処理速度が向上したことや、インターネット上に学習で使えるデータが増えたことなどが挙げられます。

　機械学習では、対象となるデータ(画像、音声など)の「どこに注目すればよいか(特徴量)」を人間が指示するだけで、大量の情報を読み込み、正しい判断ができるようになります。

　例えば、人間が「猫の映った画像を認識するためには、どこに注目すればよいか」を指示すれば、多くのデータを読み込ませるだけで、正しく猫の画像を選択できるようになります。

　機械学習では、人間の判断から得られた正解に相当する「教師データ」の与えられ方によって、次のように分類されます。

種 類	説 明
教師あり学習	教師データが与えられるタイプの機械学習のこと。教師データを情報として学習に利用し、正解のデータを提示したり、データが誤りであることを指摘したりして、未知の情報に対応することができる。例えば、猫というラベル(教師データ)が付けられた大量の写真をAIが学習することで、ラベルのない写真が与えられても、猫を検出できるようになる。
教師なし学習	教師データが与えられないタイプの機械学習のこと。 例えば、猫というラベル(教師データ)がない大量の写真をAIが学習することで、画像の特徴から猫のグループ分けを行う。
強化学習	試行錯誤を通じて、評価(報酬)が得られる行動や選択を学習するタイプの機械学習のこと。 例えば、将棋で敵軍の王将をとることに最大の評価を与え、勝利に近い局面ほど高い評価を与えて、将棋の指し方を反復して学習させる。

「ディープラーニング」とは人間の脳の仕組みを人工的に模倣した、「ニューラルネットワーク」という仕組みを取り入れたAI技術のことであり、機械学習の手法の1つとして位置付けられます。「深層学習」ともいいます。

ディープラーニングでは、デジタルデータを入力層から入力し、複数の中間層を経て回答が出力されます。この中間層の階層を深くするほど、より高度な分類や判断が可能となります。ディープラーニングの「ディープ（深層）」という言葉は、この「層を深くする」という意味です。

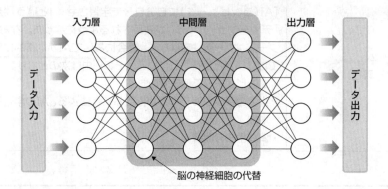

脳の神経細胞の代替

ディープラーニングと一般的な機械学習（教師あり学習）との最大の違いは、ディープラーニングには人間の指示が不要（特徴量の指示が不要）という点です。人間が何も指示しなくても、大量のデータを読み込ませることで、AI自身が対象の特徴を見出し、判断や分類ができるようになるということです。

例えば、2012年に、Google社のAIに大量の画像データを読み込ませたところ、AIが「猫の画像を正しく認識できるようになった」という研究事例があります。これは、Google社のAIが、誰からも指示されずに「画像としての猫のパターン」を自分自身で認識できるようになったということを意味しています。

ディープラーニングは、まさに自分自身で進化するAIですね。

すでにAIは社会の中で利用されています。医療画像を判断して病気を特定したり、「チャットボット」という自動応答システムでオペレータの代わりを務めたり、システムの異常を検知したりするなど、実用的な使われ方が開始されています。将来的には自動運転や遠隔治療など、リアルタイムに高度な判断が必要になるケースでも利用されていくでしょう。

近年、「ChatGPT」が注目を集めています。ChatGPT（チャットジーピーティー）とは、AIを使って、人間と自然な会話をしているような感覚で利用できるチャットボットのサービスのことです。米国のOpen AI社が2022年11月に公開したサービスで、無料で利用することができます。

AIに大量の文章や単語を学習させることで、質問を入力すると人間と同じような文章で返答をします。その返答する内容の品質が高いことや、無料で利用できることなどから、近年最も注目されているサービスの1つになっています。このように、学習したデータから、自然な文章や画像などを作り出すAIのことを「生成AI」と呼びます。

AIによって、従来からある多くの人間の仕事が取って代わられてしまうという意見もありますが、一方では、AI技術者の人材不足が声高に叫ばれています。また、AIによって単純作業から解放された人間は、より創造的な仕事に注力することができるようになるともいわれています。テクノロジーは利用の仕方で様々な利便性を実現してくれるため、そこから新しい仕事も生まれてくるはずです。

AI活用の負の事例

　大手IT企業のA社では、採用業務においても大量のエントリーがあることから、一次書類選考においても相当な時間が割かれるという悩みがありました。

　そこで、エンジニアの新規採用の一次審査に関して、AIによる自動書類審査の導入を行うことにしました。そのため、過去10年間の採用者の情報をAIに学習させ、応募書類をランク付けすることに成功したのです。

　しかし、AIを導入してからしばらくして、採用担当者がAIのランク付けでは女性に対する評価が厳しいことに気付きました。これを受けて過去10年間の採用者のパターンを確認したところ、そもそものエントリー自体が大きく男性に偏り、採用人員も男性が多数を占めていたことから、AIは女性ということだけで評価を低くするように学習していたのです。また、AIによる審査を導入してから、多様な人材の採用からかけ離れた状態になっていたこともわかったので、AIによる採用審査は断念したのです。

LET'S TRY

演 習

ChatGPTのような生成AIは、AIを一気に身近な存在にしてくれた反面、使い方次第では危険なツールになってしまうことがあります。生成AIの、適切な使い方や不適切な使い方を話し合ってみましょう。

AIを使いこなすには

具体的にAIはどのようなところで活用されているんですか？

ここでは、AIがどのようなところで活用されているのか、具体的な例とあわせて見ていきましょう。

AIの活用領域と活用例

1）AIの活用領域

AIが活用される領域には、音声認識、画像認識、自然言語処理などがあります。

活用領域	説　明
音声認識	人間の発する音声を認識する。手がふさがっている場合でも、音声によって操作できる。
画像認識	静止画像や動画像を認識する。静止画像や動画像の中から、人の顔や行動を検出できる。
自然言語処理	人が日常で使っている言葉（自然言語）をコンピュータに処理させる技術のことであり、価値のあるテキスト情報を抽出できる。

2）AIの活用例

近年では、AIの活用が現実的となり、様々な場面で活用され始めています。

●サービスデスク

音声認識機能により、サービスデスクのオペレータの補助に活用されている。「チャットボット」という自動応答システムでは、オペレータの代わりを実現する。

●自動運転

大量の画像を取得し処理することによって、歩行者と自動車を確実に見分けることを学習し、自動車の運転を支援する。

●医療診断

　大量の病気の画像から学習し、CT（コンピュータ断層撮影）で撮影した医療の画像を判断して、病気を特定する。

●教育支援

　学習アプリの利用状況や問題の正誤データを解析し、生徒一人ひとりに最適化したカリキュラムを提供する。

●異常検知

　正常な行為や状態がどのようなものかを学習し、それと大きく異なるものを判断することで、異常な行為や状態を検出する。

●ボードゲーム

　囲碁や将棋などのボードゲームにおいて、勝利した場面を学習し、ある場面における次の一手を判断する。AI同士を対戦させることで強化学習を行った囲碁プログラムの「AlphaGo」では、人間のトップ棋士を破る思考力を実現する。

実現もすぐそこ!?　自動運転

　「自動運転」とは、乗り物の運転・操縦を、人間が行わずに機械やコンピュータシステムなどに実行させることであり、「オートパイロット」ともいいます。

　これまでは、航空機や船舶のほうが自動運転技術は先行していましたが、IoTシステムとの関連において、現在、自動車の自動運転技術が注目を集めています。

　通常、自動車を運転する際には、人間が「認知」「判断」「操作」のプロセスを繰り返したり、同時に行ったりしています。

　自動運転車では、各種センサーを利用して「認知」を行い、そこから得られたデータをもとに「判断」のプロセスをAIが実行します。そして、その判断にしたがい、電子制御されたアクセル・ブレーキ・ステアリングなどに「操作」の制御命令を発することになります。

アメリカの自動車技術者協会（SAE）では、自動運転のレベルを、次のようにレベル0～レベル5まで分類しています。

段　階	概　要	運転の主体	自動化の内容
レベル0	運転自動化なし	人間	－
レベル1	運転支援	人間	・車の前後（加速・減速）または左右（ハンドリング）のいずれかの操作支援を、特定のエリアに限定して行う。 ・運転者は常に自動運転状況を監督する必要がある。
レベル2	部分運転自動化	人間	・車の前後（加速・減速）および左右（ハンドリング）の両方の操作支援を、特定のエリアに限定して行う。 ・運転者は常に自動運転状況を監督する必要がある。
レベル3	条件付運転自動化	車（自動運転システム）	・すべての運転操作を、特定のエリアに限定して行う。
レベル4	高度運転自動化	車（自動運転システム）	・すべての運転操作を、特定のエリアに限定して行う。 ・特定エリア内においては、緊急時にも運転者は不要。特定エリア外の運転のために、ハンドルなど人間が運転する機器は必要。
レベル5	完全運転自動化	車（自動運転システム）	・すべての運転操作を、エリアの限定なしに自動で行う。 ・ハンドルなど人間が運転する機器は不要。

一般的に自動運転と呼ばれるのはレベル3以上の技術からになります。日本では道路交通法が改正され、レベル4公道走行ができるようになっており、すでに実証実験が行われ始めています。

さらなる技術が進化することで、**完全自動運転（レベル5）になること**が期待されています。

LET'S TRY
演　習

皆さんの身の回りで、どのようなAIサービスがあるか、意見を出し合ってみましょう。また、そのサービスの優れた点や、改善の余地がある点などを話し合ってみましょう。

SECTION 03　AIの活用による働き方の変化

> AIが普及すると、人間がやる仕事を奪ってしまい仕事がなくなってしまう人が増えるのでは？と聞いたことがあるのですが。

> 人間がやっている仕事の中で、AIができることもどんどんと増えています。そうはいっても、人間でしかできないことも多いので、すぐに人間が必要ではなくなるということではないですよ。

AIが普及するとなくなる職種がある？

　AIやロボット、ICTが広く導入されるようになると、人々の生活は大きく変わることになります。

　AIなどの技術が導入されることで、2030年頃の日本では、現在人間が行っている業務の多くが自動化することができるようになるといわれています。この自動化によって労働時間が削減されることになり、労働力の不足の解消、残業時間の削減、新しい成長分野に人材を配置することが可能になるといわれています。

　今後、世界の雇用がどのように変化するか、雇用が急成長、急減少すると予測される職種の例は、次のとおりです。

急成長する職種	急減少する職種
AIおよび機械学習のスペシャリスト	銀行窓口および関連事務員
サステナビリティスペシャリスト	郵便局員
ビジネスインテリジェンスアナリスト	レジ係とチケット係
情報セキュリティアナリスト	データ入力事務員
フィンテックエンジニア	資料記録および在庫管理係
データアナリストと科学者	会計、簿記、経理事務員
ロボットエンジニア	家電製品の設置および修理事業者
ビッグデータスペシャリスト	国会議員と役員

World Economic Forum「The Future of Jobs Report 2023」より作成

AI時代に求められるスキル

AIの導入によって、働き方が変化することがわかりましたが、その変化に対応するために新たなスキルを身に付けることが求められています。企業も、求められるスキルと現状の社員のスキルのギャップを埋めるために従業員教育に力を入れていくとともに、新たに入社してくる社員に対して、変化に対応できるスキルを身に付けている人の採用に力を入れていくことになります。AI時代に求められるスキルには、次のようなものがあります。

順位	スキル
1位	分析的思考
2位	創造的思考
3位	AIとビッグデータ
4位	リーダーシップと社会的影響力
5位	回復力、柔軟性、機敏性
6位	好奇心
7位	テクノロジーリテラシー
8位	デザインとユーザーエクスペリエンス

World Economic Forum「The Future of Jobs Report 2023」より作成

職種にしてもスキルにしても、これからの社会は、「データを読み取って活用していく力」や、「AIを使いこなす力」が望まれています。

LET'S TRY
演 習

ここで紹介している職種やスキルは、予想も含めた考え方の1つです。AI時代において、どのような職種が増減していくか、どのようなスキルが必要になるかを考えてみましょう。

SECTION 04 AI社会原則

AIはものすごい勢いで進化していますよね。いずれ、AIに支配される世の中になってしまわないか不安なんですけど。

AIが社会に受け入れられて適正に利用されるために、AI開発者などが留意するべきAI社会原則というものを掲げています。

AI利活用の原則・指針

AIを利活用するにあたっては、原則や指針を守り、AIをよりよい形で実装する必要があります。
AIを利活用するための原則や指針には、次のようなものがあります

種　類	説　明
人間中心のAI社会原則	AIの社会実装を進めていくうえで、人間を中心とした社会で留意するべき原則のこと。政府が提唱するものである。
信頼できるAIのための倫理ガイドライン	信頼性を備えたAIには、法令および要件を尊重する必要があるとして、基盤となる事項（法律・人権・倫理など）、基本要件、技術などの枠組みを定めたガイドラインのこと。欧州委員会が提唱するものである。英語では「Ethics guidelines for trustworthy AI」の意味。
人工知能学会倫理指針	AIの普及に伴い、倫理的な価値判断の基礎となる倫理指針のこと。人工知能学会の会員向けに作成されたものである。

守るべきAI進化の方向性

　AIを活用するにあたって、AIに関する問題が発生しないように、世界各国でAIの活用を行う際の基本方針を公表しています。日本では2019年3月に政府が「人間中心のAI社会原則」を公表し、これに基づく法整備やSociety 5.0を実現するための活動を行っています。

　日本におけるAI社会原則は7つの基本原則で構成されています。

1）人間中心の原則

　AIの利用は、憲法及び国際的な規範の保障する基本的人権を侵すものであってはならない。

　AIは、人々の能力を拡張し、多様な人々の多様な幸せの追求を可能とするために開発され、社会に展開され、活用されるべきである。AIが活用される社会において、人々がAIに過度に依存したり、AIを悪用して人の意思決定を操作したりすることのないよう、我々は、リテラシー教育や適正な利用の促進などのための適切な仕組みを導入することが望ましい。

2）教育・リテラシーの原則

　AIを前提とした社会において、我々は、人々の間に格差や分断が生じたり、弱者が生まれたりすることは望まない。したがって、AIに関わる政策決定者や経営者は、AIの複雑性や、意図的な悪用もあり得ることを勘案して、AIの正確な理解と、社会的に正しい利用ができる知識と倫理を持っていなければならない。AIの利用者側は、AIが従来のツールよりはるかに複雑な動きをするため、その概要を理解し、正しく利用できる素養を身に付けていることが望まれる。一方、AIの開発者側は、AI技術の基礎を習得していることが当然必要であるが、それに加えて、社会で役立つAIの開発の観点から、AIが社会においてどのように使われるかに関するビジネスモデル及び規範意識を含む社会科学や倫理等、人文科学に関する素養を習得していることが重要になる。

3）プライバシー確保の原則

　全てのAIが、パーソナルデータ利用に関するリスクを高めるわけではないが、AIを前提とした社会においては、個人の行動などに関するデータから、政治的立場、経済状況、趣味・嗜好等が高精度で推定できることがある。これは、重要性・要配慮性に応じて、単なる個人情報を扱う以上の慎重さが求められる場合があることを意味する。パーソナルデータが本人の望まない形で流通したり、利用されたりすることによって、個人が不利益を受けることのないよう、各ステークホルダーは、パーソナルデータを扱わなければならない。

　「ステークホルダー」とは、「利害関係者」を意味する言葉なんだ。ここでは、政府、企業、大学、研究機関、一般の人々などをさしています。

4）セキュリティ確保の原則

AIを積極的に利用することで多くの社会システムが自動化され、安全性が向上する。一方、少なくとも現在想定できる技術の範囲では、希少事象や意図的な攻撃に対してAIが常に適切に対応することは不可能であり、セキュリティに対する新たなリスクも生じる。社会は、常にベネフィットとリスクのバランスに留意し、全体として社会の安全性及び持続可能性が向上するように務めなければならない。

5）公正競争確保の原則

新たなビジネス、サービスを創出し、持続的な経済成長の維持と社会課題の解決策が提示されるよう、公正な競争環境が維持されなければならない。

6）公平性、説明責任及び透明性の原則

「AI-Readyな社会」においては、AIの利用によって、人々が、その人の持つ背景によって不当な差別を受けたり、人間の尊厳に照らして不当な扱いを受けたりすることがないように、公平性及び透明性のある意思決定とその結果に対する説明責任（アカウンタビリティ）が適切に確保されると共に、技術に対する信頼性（Trust）が担保される必要がある。

AI社会原則で「AI-Ready な社会」とは、「社会全体がAI による便益を最大限に享受するために必要な変革が行われ、AI の恩恵を享受している、または、必要な時に直ちにAI を導入しその恩恵を得られる状態にある、『AI 活用に対応した社会』を意味する。」と定義しています。

7）イノベーションの原則

AI技術の健全な発展のため、プライバシーやセキュリティの確保を前提としつつ、あらゆる分野のデータが独占されることなく、国境を越えて有効利用できる環境が整備される必要がある。また、AIの研究促進のため、国際的な連携を促進しAIを加速するコンピュータ資源や高速ネットワークが共有して活用されるような研究開発環境が整備されるべきである。

同時に、政府は、AI技術の社会実装を促進するため、あらゆる分野で阻害要因となっている規制の改革等を進めなければならない。

日本では、デジタル社会の「読み・書き・そろばん」である、「数理・データサイエンス・AI」の基本的な知識を、すべての国民が身に付けるという大きな目標を掲げています。

01 情報セキュリティについて考えてみよう

「情報はしっかりと守るようにしよう」と言われるのですが、具体的にどうすればよいですか？

「情報セキュリティ」のことだね。ここでは、情報セキュリティについて学習していきましょう。

情報セキュリティを考えよう

「情報セキュリティ」とは、企業や組織の大切な資産である情報を、安全な状態となるように守ることです。

コンピュータの導入やインターネットの普及はもちろん、ビッグデータの活用やIoTの普及に伴い、ICTを利用した情報の活用が急増しています。機密情報など、その組織でのみ使用されるべき情報が外部に漏れ、ほかの組織でも利用されると、その組織に対する信頼が失われてしまい、最終的にはその組織の存続が危ぶまれてしまうこともあります。

特に、顧客情報などの個人情報はプライバシーの観点からも保護が必要であり、この情報が漏えいしてしまうと、組織の信頼の低下は避けられません。

そのため、様々な脅威に対して適切な情報セキュリティ対策を講じることで、情報を安全に保つ必要があります。

「情報」とはコンピュータやネットワーク機器などのハードウェア、紙に印刷された情報なども含まれます。コンピュータなどに保存されている電子データだけではないことに注意しましょう。

情報セキュリティの要素

情報セキュリティの目的を達成するためには、情報の「機密性」、「完全性」、「可用性」の3つの要素を確保・維持することが重要です。これらの3つの要素をバランスよく確保・維持することによって、様々な脅威から情報システムや情報を保護し、情報システムの信頼性を高めることができます。

それぞれの要素を説明すると、「機密性」とは、アクセスを許可された者だけが、情報にアクセスできること、「完全性」とは、情報および処理方法が正確であり、完全である状態に保たれていること、「可用性」とは、許可された利用者が必要なときに、情報にアクセスできることです。

情報セキュリティポリシーは守るべきルール

「情報セキュリティポリシー」とは、「情報セキュリティ方針」ともいい、組織全体で統一性のとれた情報セキュリティ対策を実施するために、技術的な対策だけでなく、システムの利用面や運用面、組織の体制面など、組織における基本的な情報セキュリティ方針を明確にしたものです。組織内にどのような情報資産があるかを確認したうえで、それぞれの情報資産をどのように守るかという対策を立てていきます。

情報セキュリティポリシーは「基本方針」、「対策基準」、「実施手順」で構成されます。通常は「基本方針」、「対策基準」の2つを指して情報セキュリティポリシーと称します。

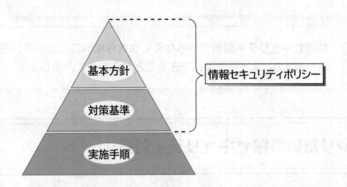

種　類	説　明
基本方針	その組織の情報セキュリティに関しての取組み方を経営トップの指針として示す。組織としての基本的な情報セキュリティへの考え方や基本原理を示すものであり、公的な文書として対外的なアピールにも使われる。
対策基準	基本方針に基づき、「どの情報資産を、どのような脅威から、どの程度守るのか」といった具体的な守るべき行為や判断基準を設ける。
実施手順	通常、情報セキュリティポリシーには含まれない。「対策基準」に定められた内容を個々の具体的な業務や情報システムにおいて、どのような手順で実行していくのかを示す。例えば、情報管理規程やプライバシーポリシー（個人情報保護方針）などを示す。

情報セキュリティ対策を具体的に行う際には、組織内のすべての人が情報セキュリティポリシーにしたがって、情報セキュリティ対策を実施する必要があります。なお、企業などで、他の企業に業務を委託するような場合でも、委託先にも、情報セキュリティポリシーにしたがって、その組織内の情報セキュリティ対策を実施してもらう必要があります。

LET'S TRY

演 習

各自の持っている情報にはどんなものがあるか、またその情報を守るためにどんなことをやっているかを考えてみましょう。

情報セキュリティ対策を行ってみよう

情報セキュリティ対策が必要なのはなんとなくわかったけど、具体的にどんなことをする必要がありますか？

情報セキュリティ対策でやらなくてはならないことはいろいろありますが、まずはすぐにできることから始めてみましょう。

いますぐやりたい情報セキュリティ対策

情報セキュリティへの様々な脅威に対し、必要な対処を適切に行うために、あらゆる側面から対策を講じ、実施する必要があります。ここでは、情報セキュリティ対策の一例を紹介します。

1）マルウェアの対策

「マルウェア」とは、悪意を持ったソフトウェアの総称のことです。「malicious software」（悪意のあるソフトウェア）を略した造語です。利用者に不利益を与えるソフトウェアや不正プログラムの総称として使われます。一般的には、コンピュータウイルスや、単にウイルスと呼ぶこともあります。

マルウェアの感染経路は、ネットワークや、USBメモリなどのリムーバブルディスクです。
マルウェア対策ソフトを使用して、マルウェアに感染していないかを検査したり、感染した場合にマルウェアを駆除したりする対策が有効です。
「マルウェア対策ソフト」とは、マルウェアに感染していないかを検査したり、感染した場合にマルウェアを駆除したりする機能を持つソフトウェアのことです。マルウェア対策ソフトを導入し、普段からマルウェアのチェックをするようにします。
インターネットからダウンロードしたファイルや受信した電子メールは、マルウェアに感染する可能性があるので、ダウンロードしたファイルや電子メールを、マルウェア対策ソフトでマルウェアのチェックをする必要があります。また、外部から持ち込まれるUSBメモリなどにより感染することもあるので、使用する前にマルウェアのチェックをする習慣を付けるようにします。
また、最新のマルウェアに対応するために、「マルウェア定義ファイル」（マルウェアの検出情報）を常に最新にしておく必要があります。

2) OSやソフトウェアのアップデート

OSやソフトウェアの不具合を利用して攻撃をしてくる悪意のあるユーザーもいます。

OSやソフトウェアの提供元から、アップデートのお知らせが来た場合は、内容を確認しアップデートする必要があります。対策をせずに放置しておくことは、攻撃者へ不正アクセスの機会を与えることになってしまいます。

「アップデート」とは、ソフトウェアの一部をより新しいものに更新することです。アップデートは小規模な機能の追加や、不具合の修正などを目的としています。OSに不具合などが発見されると、OSの提供元は不具合を修復するための更新プログラムをWebサイトで配布します。OSをアップデートすることで、セキュリティホール（不具合）が修復されるため、不正アクセスだけではなくマルウェア対策にも有効です。

OSのアップデートは常に最新にしておくことが重要です。

3) ユーザーIDとパスワードの管理

「ユーザーID」とは、システムの利用者を識別するために与えられた利用者名のことです。メールアドレスをユーザーIDとして使用するシステムも見受けられます。「パスワード」とは、正当な利用者であることを認証するための秘密の文字列のことです。この2つの組み合せが一致した場合のみ、本人であると確認される仕組みになっています。

利用者が入力したユーザーIDとパスワードを、システム管理者が事前に登録しておいた情報と照合し、正規の利用者として認証することを「ログイン」といいます。

ユーザーIDとパスワードによる管理では、組み合せが正しく入力されると、システムの利用を許可することになっています。そのため、他人に推測されにくいパスワードを設定し、紙に記述しないなど、厳重に管理する必要があります。

1つのパスワードを複数のシステムで使用すると、あるシステムからパスワードが漏えいした場合に、他のシステムに不正にログインされる可能性があるため、パスワードを使い回すべきではありません。また、利用者が初めてシステムにログインするためにシステム管理者が設定した「初期パスワード」は、不正にログインされないようにするため、ログイン後に速やかに変更する必要があります

4) データの暗号化

情報セキュリティを維持するための方法として、ストレージを暗号化したり、ファイルを暗号化したりする技術があります。

「ストレージ暗号化」とは、ハードディスクやSSDなどのストレージのすべてを丸ごと暗号化する技術のことです。ノート型パソコンの盗難や紛失、データ未消去のままの廃棄による情報漏えいは大きな社会問題となっており、リスク低減に有効な手段の1つとして、採用するケースが増えています。

「ファイル暗号化」とは、ファイル単位で暗号化する技術のことです。暗号化ツールを使って任意のファイルを暗号化したり、オフィスソフトのデータファイルに備わっている暗号化機能を利用したりします。ストレージ暗号化と異なり、利用者がひとつひとつのファイルを意識して暗号化することができます。

管理者のセキュリティ対策

　情報セキュリティの様々な脅威に対し、必要な対処を適切に行うために、あらゆる側面から対策を講じ、実施する必要があります。

　管理者が行う情報セキュリティ対策としては、利用者が情報セキュリティ対策をどのように行うかを示したルールの整備なども必要になってきます。また、整備したルールを、利用者に浸透させる施策も必要になります。

1）情報セキュリティポリシーの実現

　情報セキュリティポリシーの目的は、組織として統一された情報セキュリティを実現することです。1つの脅威には複数の情報セキュリティ対策があります。その中から「その対策を組織の標準化とする」ということを示すことで、組織において統一された情報セキュリティを実現することができます。

2）情報セキュリティ啓発

　定期的に情報セキュリティ教育を実施し、情報セキュリティに対する利用者の意識を高めていくことが重要です。例えば、情報漏えい対策として、利用者の意識を高めるために、ノート型パソコンやUSBメモリの紛失、電子メール誤送信事故発生の背景や影響範囲、その対策などについて、利用者に事例をベースにして伝えることが効果的です。最近では、企業・組織のユーザーを対象とした攻撃（標的型攻撃）が多くなっているため、典型的な攻撃パターンの事例を確認しておくとよいでしょう。

3）情報セキュリティ規程、マニュアルの遵守

　情報セキュリティ規程やマニュアルを作成し、利用者が遵守することを徹底します。例えば、パスワードを設定する際に、何文字以上に設定するかなど、アクセスする情報の重要度などを考慮し、情報セキュリティ規程やマニュアルで管理方法を設定します。

4）アクセス権管理

　社内のネットワークに不正に侵入されてしまうと、データが盗まれたり、改ざんされたりする可能性があります。ネットワーク上でデータを管理するような場合は、どのユーザーに利用を許可するかなどを決め、「アクセス権」を設定します。アクセス権の設定により、利用者や利用内容を制限し、データの盗難や改ざんを防ぐことができます。

LET'S TRY
演 習

　各自が使っているユーザーIDとパスワードにはどんなものがあるか、パスワードの使い回しをしていないかなどを考えてみましょう。この演習を行うにあたり、実際に使っているパスワードを書き出したり、他人に教えたりしないようにしましょう。

SECTION
03 | 利用者のセキュリティ上の注意点

> 普段コンピュータを使っていて、情報漏えいが起きないか心配なんですが。

> ここではどんなことに気を付けながらコンピュータを使えばよいか確認してみましょう。

Webサイトを利用するときの注意点

　様々なWebサイトの中には、フィッシングを目的としたWebサイトも存在します。「フィッシング詐欺」とは、実在する企業や団体を装った電子メールを送信するなどして、受信者個人の金融情報（クレジットカード番号、ユーザーID、パスワード）などを不正に入手する行為のことです。

　特にオンラインショッピングのWebサイトでは、クレジットカード番号などの個人情報を入力することが多いので注意が必要です。決済に使用したクレジットカード番号や銀行口座の情報は、流出してしまうと金銭トラブルに巻き込まれる可能性が高いので、取り扱いには十分に気を付けましょう。

1）安全なWebページで情報を提供する

　オンラインショッピングで大切な個人情報を入力して決済を行う場合には、「SSL/TLS」という技術を使用しているWebページかどうかを確認します。SSL/TLSによって保護されているWebページは、URLの先頭に「https」という文字列が表示されます。また、WebブラウザにSSL/TLSで保護されていることを示すマークが表示されます。

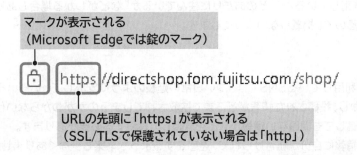

マークが表示される
（Microsoft Edgeでは錠のマーク）

URLの先頭に「https」が表示される
（SSL/TLSで保護されていない場合は「http」）

2) パスワードの取り扱いに注意する

オンラインショッピングやオンラインバンキングなどのWebサイトを利用する際には、正当なユーザーであることを確認するために、ログインが必要です。このログインに利用するパスワードなどの情報が漏れてしまうと、本人になりすましてWebサイトを使用され、予期せぬ費用を要求される危険性があります。

また、SNSにログインする際のパスワードに、誕生日などの単純なパスワードを設定している場合、他人に勝手にログインされてしまうような被害も発生しています。

パスワードは、誕生日などの推測しやすい情報を含めずに、英数字を組み合わせるなど、他人からは推測されにくいものを設定するとよいでしょう。

こんなケースに要注意

情報が盗まれて悪用されると、プライバシーが侵害されて、精神的にダメージを受けたり、生活の安全が脅かされたりなどの被害を受ける可能性があります。様々な状況下において、個人情報を正しく管理する方法を理解し、情報を保護することが大切です。

インターネットには多様なサービスがあり、個人が様々な情報発信をすることができますが、よく考えずに情報を入力すると、自分や知り合いが情報漏えいの危険にさらされることになります。注意すべきケースとしては、次のようなものがあります。

1) Webページでの個人情報の入力

安全なWebページであれば個人情報は保護されますが、中には入力された個人情報を販売することが目的という悪質なものもあります。そのため、Webページに「プライバシーポリシー」が明記されているかどうかを確認するようにします。また、個人情報を入力するときは、通信がSSL/TLSによって暗号化されているWebページを利用しましょう。WebページのURLが「http:」ではなく、「https:」になっていれば安全です。

2) Webページの公開

Webページを公開するということは、全世界に向けて情報を発信していることになります。そのため、自分でWebページを公開している場合は、プロフィールなどで個人を特定できるような情報を掲載しないようにします。氏名や住所などを公開するのは、大変危険な行為です。また、趣味や日記などの内容から、"どこの店をいつ利用しているか""どのあたりに住んでいるか"などがわかる場合もあります。個人を特定される原因になるので、掲載しないようにします。

3) SNSの利用

知り合い同士で利用しているSNSでは、つい日常の延長のように安心して、いろいろな情報を発信してしまいます。しかし、投稿された情報がどこまで拡散されてしまうのかがわからない仕組みであるため、全世界に向けて発信しても問題ない情報かなどを意識して投稿する必要があります。

他人が投稿した情報に自分が紐付けられて、迷惑をするような事案も少なくありません。また、ちょっとした悪ふざけの写真や動画などを投稿したことで炎上してしまうケースも多くみられるため、注意が必要です。

WebページやSNSで情報発信をした場合、仮に発信した情報を削除した場合でも、自分の意志に関わらず発信した内容のコピーが拡散してしまう可能性があります。そのため、仮に自分の考えだったとしても他人が不快になるような情報ではないかを、情報を発信する前によく確認するようにしましょう。

4) インターネットカフェの利用

　インターネットカフェは、誰もが手軽にインターネットに接続できるため、急速に普及しています。しかし、不特定多数の人々が利用することから、インターネットの利用履歴や入力情報などが残っていると、不正に利用される危険性が高くなります。そのため、多くのインターネットカフェでは、コンピュータを再起動しただけですべての履歴を消去するシステムを導入しています。退席時には、コンピュータを再起動するのを忘れないようにしましょう。一番の対策は、インターネットカフェでは個人情報などの重要な情報の入力を控えることです。

フィッシング詐欺の事例

　ある日の夕方、Aさんのもとに大手宅配業者からショートメール（SMS）が届きました。

　内容は、「お客様宛にお荷物のお届けにあがりましたが不在のため持ち帰りました。配送物は下記よりご確認ください。」となっており、配送物確認のためのリンクが記載されています。

　どんな荷物が送られてきたのか気になったAさんは、配送物を確認しようと本文にあるリンクをクリックして宅配業者のサイトに移動しました。移動したサイトでは、有名芸能人の写真が使われていたので、本物の宅配業者のサイトであると信じたAさんは、荷物の追跡をするために画面の指示にしたがいアプリをインストールしたのです。

　すると、どうやらこのアプリがウイルスだったようで、スマートフォンが勝手に迷惑SMSを送信し始めてしまったのです。

　さらに、スマートフォンの決済機能を利用し、プリペイドカードなどが大量に購入されていることも判明しました。

　この事例の要因として、不審なSMSのリンクからアプリをインストールしてしまったことが挙げられます。

フィッシング詐欺は、実在する金融機関などを装い、個人情報を盗み出す手口のことです。エサをばらまいてメール受信者を釣ろうとするイメージから、釣りを意味する**fishing**が語源となっています。

　フィッシング詐欺には、もっともらしい内容で受信者の注意を引き、メール本文に書かれた偽サイトに誘導する手口のほか、メール上でIDやパスワードを入力させる手口、添付ファイルを開いてIDやパスワードの入力を促す手口などがあり、様々な手口で受信者を陥れようとしています。最近では、不正なアプリをインストールさせるよう巧みに誘導する手口もあります。

いずれの手口でも、いざフィッシング詐欺のメールが送信されてくると、あまりの巧妙さにうっかりと個人情報を入力してしまうようです。フィッシング詐欺の被害者は、銀行の残高やクレジットカードの請求額を見て初めて被害に気付くことが多く、事件の発覚が遅れやすいのもフィッシングメールの特徴です。

また、マルウェア対策ソフトでも検知することが困難であるため、疑わしいメールを受信した場合は、無視をするか正規の発信元に問い合わせ真偽を確認するのが有効な手段です。その場合、メールに書かれている問い合わせ先に連絡することは控えましょう。

偽警告の事例

Aさんは、念願のパソコンを買ってもらって、日々情報収集やレポート作成などに活用しています。

ある日、Aさんがパソコンで作業をしていると、突然「コンピュータがウイルスに感染しています。」というメッセージが表示されました。

しばらくすると、画面上に「深刻な被害を受けています。このウイルスを駆除するために、セキュリティソフトを購入してください。」というメッセージが表示されました。

困ってしまったAさんは、慌てて自分のクレジットカードでこのセキュリティソフトを購入してしまったのです。しかし、この画面に出たメッセージは、パソコンの使用者からクレジットカード番号などを詐取するための手口だったため、その後、クレジットカードを悪用されることになってしまいました。

この事例の要因として、このような騙しの手口があることを知らなかったこと、パソコンに詳しい人に相談せずに個人で判断してしまったことが挙げられます。

このように、画面にメッセージを出して、クレジットカード番号や、メールアドレスなどの連絡先を詐取するような手口も多く存在しています。

「偽警告」とは、Webページを閲覧中に不安を煽る警告メッセージなどを表示し、警告の指示にしたがわせて個人情報を詐取したり、サポート契約を結ばせたりするような手口のことです。

偽警告には、次のような例があります。

- 「ウイルスに感染しています」などの警告メッセージが突然表示される。
- メッセージウインドウの「閉じる」ボタンを押してもウインドウが終了しない。
- 有料ソフトを購入させる画面が表示され、クレジットカード番号の入力を促す。
- 偽のサポートセンターの電話番号を表示し、契約するように誘導する。

あまり見たことのない警告画面が出た場合は、画面に出ている問い合わせ先に連絡することはせず、パソコンを再起動するなどの対処を行いましょう。

LET'S TRY
演 習

日常を振り返ってみて、セキュリティ対策の不安な点を洗い出してみましょう。また、その不安を払拭するためにどのようなことに気を付ければよいか考えてみましょう。

04 | 個人情報の管理

「個人情報」は特に注意して取り扱わないといけないって聞いたのですが、どんなことに注意をする必要がありますか？

そもそもなぜ注意しなくてはならないかを含めて、個人情報についてしっかりと学習してみましょう。

個人情報の漏えい

　プライバシーやセキュリティの侵害は、多数の個人情報を管理している組織などで発生するケースがあります。しかし、組織からの漏えいとは件数は比較にならないものの、個人の行動から個人情報がインターネット上に広がったり、SNS上で個人の写真を拡散されたり、別人との勘違いで名前や住所を掲示されたりするなどの被害が相次いでいます。

　多くの組織は個人情報の取り扱いに慎重になっていますが、個人の場合はそのリスクに気付いていないケースも多く見受けられます。

　個人が守るべき個人情報には、次のようなものがあります。

● 氏名、生年月日、住所、電話番号など

● 銀行口座やクレジットカードなどの番号と暗証番号

● マイナンバーや免許証番号、パスポート番号などの身分証明になる番号

● 認証などに使用されるデジタル化された個人の生体情報

● 自分のコンピュータや会員サイトのIDとパスワード

　これらの情報が漏えいするとどうなるでしょうか。不要なダイレクトメールや営業電話が頻繁にくるのを手始めに、クレジットカードの不正利用や、個人のコンピュータでインターネットにアクセスしての被害が発生するなど、困ったことがいろいろと起きてきます。個人情報を知られた相手によっては、ストーカー被害や空き巣被害などの可能性もあります。

　自分にとって重要な個人情報は何であるのかを確認し、それをインターネット上に掲載してもよいのかどうか、常に気を付けるようにしましょう。

個人情報保護法

　「個人情報保護法」とは、個人情報取扱事業者の守るべき義務などを定めることにより、個人情報の有用性に配慮しつつ、個人の権利利益を保護することを目的とした法律のことです。正式には、「個人情報の保護に関する法律」といいます。

　個人情報保護法で定められている「個人情報」とは、生存する個人に関する情報であり、氏名や生年月日、住所などにより、特定の個人を識別できる情報のことです。個人情報には、ほかの情報と容易に照合することができ、それにより特定の個人を識別できるものを含みます。例えば、氏名だけや、顔写真だけでも特定の個人を識別できると考えられるため、個人情報になります。また、生年月日と氏名との組み合せや、職業と氏名との組み合せなど、複数の情報を組み合わせることで特定の個人が識別できる情報も個人情報になります。

　個人情報保護法では、個人情報を取得する際には個人情報の利用目的を提示し本人に同意を得る必要があることなどが定められています。

「●●大学の△△さん」というような情報でも、個人が特定できるようであれば個人情報となるので、取り扱いには注意が必要になります。

　ほかの情報と照合することができるようであれば、個人情報として取り扱う必要がありますが、ビッグデータなどを統計的に処理するような場合、個人を識別できる情報を削除（加工）する、匿名加工情報という概念もあります。

　「匿名加工情報」とは、特定の個人を識別できないように個人情報を加工して、個人情報を復元できないようにした情報のことです。

　匿名加工情報は、一定のルールのもとで本人の同意を得ることなく、事業者間におけるデータ取引やデータ連携を含むデータの利活用を促進することを目的にしています。なお、個人情報保護法では、特定の個人を識別するために、加工の方法に関する情報を取得したり、匿名加工情報をほかの情報と照合したりしてはならないと定めています。

　匿名加工情報の利活用によって、次のようなことが期待されています。

- ●ポイントカードの購買履歴や交通系ICカードの乗降履歴などを、複数の事業者間で分野横断的に活用することにより、新たなサービスやイノベーション（革新）を生み出す。
- ●医療機関が保有する医療情報を活用した創薬・臨床分野の発展や、カーナビから収集される走行位置履歴の情報を活用した渋滞予測情報の提供などにより、国民生活全体の質が向上する。

　個人情報を保護する法律は日本以外にも存在しています。そのため、海外と取引などがある場合、国内の個人情報保護法のみを守るだけではなく、海外の個人情報保護法に相当する法律も確認する必要があります。特に、「GDPR（EU一般データ保護規則）」は、EU加盟諸国の個人情報保護の枠組みですが、多くの日本企業も知っておく必要がある法規制です。

　GDPRの対象としては、EUに子会社や支店、営業所などがある企業や、日本からEUに商品やサービスを提供している企業、クラウド事業者のようにEUから個人データの処理委託を受けている企業も含まれます。

例えば、EUに住む日本人が、日本のオンラインショップで買い物をした場合でも、オンラインショップはGDPRにのっとってその情報を管理する必要があります。このように、EUの法律でありながら、世界中がその影響を受けるといわれています。

GDPRに違反した企業には、内容にもよりますが、高額な制裁金が科されるなど、日本の個人情報保護法以上に厳しい法規制です。グローバルな活動を行っている企業は、国内法遵守にとどまることなく、GDPR対応を進めていく必要があります。

個人情報の取り扱いの事例

市役所に勤めているAさんの大学生の娘さんは、アイドルグループのQくんの大ファンです。

そんなある日、窓口業務を行っていたAさんのところに、Qくんが税金の問い合わせにやってきました。窓口に来たのがQくんだと気付いたAさんはいつもどおり丁寧な対応を行ったのです。

Aさんが自宅に帰ると、娘に「今日は窓口にQくんがきたのよ。」と嬉しそうに伝えました。その夜、Aさんと娘はどんな問い合わせをしたのかなど、Qくんの話で盛り上がったのです。

そして、娘は今日のQくんの問い合わせ内容を、Qくんのファンの友達のみならず、SNSで公開情報として発信してしまったのです。

数日後、市役所の情報の取り扱いはまずいのではないかとSNSの発信内容が炎上、Aさんは市役所で市民からの問い合わせを受ける窓口業務から外されてしまいました。

LET'S TRY

演｜習

SNSなどで情報発信をする場合、個人情報をどのように取り扱えばよいか考えてみよう。自分自身の個人情報の場合、知り合いの個人情報の場合などで、個人情報の取り扱い方法が変わるかも考えてみましょう。

01 どうして「データ活用力」が 期待されるのか

数学苦手だし、データ活用なんて私に関係ないですよね？

 データ活用は数学の話じゃありませんよ。むしろ面白いことを考えたい 人こそ、知っておくべきスキルです。

データ活用を数学と考えると嫌になる

「データ活用」「ビッグデータ」「データサイエンティスト」……。最近は、いろいろなところで「データ」 という言葉が付いたキーワードを耳にします。

その一方で、「データを活用するには、理系的な知識が必要」とか「数学できないから関係ないし、デー タを活用できるようになるとは思えない」といった声も耳にします。これは学生や生徒のみではなく、ビ ジネスパーソンからもよく聞かれます。これはとてももったいない話です。

重要なポイントは、「データ活用に必要なのは、数学力よりも、むしろ**データをもとに他人を説得でき るストーリーを組み立てる力**だ」という点です。このことを理解すれば、データ活用が他人事ではなく なり、誰でも身に付けられる強力な武器だということがわかります。

納得してもらうために、まずは具体的な事例をもとに考えてみましょう。以下の質問を読んで答えを 考えてみてください。

あるファッションブランドのバッグの販売促進を担当しているとします。そのバッグをヒッ トさせるために、どんなアイデアがあるでしょうか。それぞれアイデアを考えてみましょう。

答えは無数にあるはずです。どれも正解かもしれないですし、どれも不正解かもしれません。それは、 「アイデア」は実際にやってみなければわからない「仮説」だからです。

では、質問を変えてみましょう。皆さんは以下の2つのアイデアのどちらが「面白い」と思うでしょうか。

- **アイデア1：値引きをする。**
- **アイデア2：今までになかった色使いのデザインを採用する。**

アイデアを「効果」という点で考えれば、アイデア1（値引きをする）のほうが効果がありそうですが、面白いとは感じないはずです。今までになかった色使いのアイデア2のほうが、面白いと感じるはずです。なぜなら、「当たり前」ではないアイデアだからです。

では、このアイデアを上司に提案するとして、**「OKをとりやすい」**のはどちらだと思いますか？一般的に、利益が減っても大丈夫であれば、値引きのほうが採用されやすいでしょう。多くの場合、面白さよりも確実性が好まれるからです。しばしば目新しいアイデアは「効果があるの？　大丈夫？」といった反応で、却下されます。

でも、それでは社会は進化しません。当たり前のことばかりの社会では、画期的なアイデアは生まれないからです。では、アイデア2を採用させるにはどうすればいいでしょうか。理屈で説得するのも1つの手です。でも、やってみなければわからないことを「理屈」のみで説得するのは難しいものです。それなら、小規模にテスト販売をしたり、試作品についてアンケートをとって、データを検証してみたりするというのはいかがでしょうか？　それでうまくいくことを示すことができれば、アイデアを採用させることができます。

つまり、「面白いこと」を考える人がそれを採用させるためには、**データで主張すること**が強力な武器になるのです。

> 面白いアイデアは当たり前なものではありません。そして、当たり前ではないものは認められにくいのが現実です。認められにくいものを認めさせるには、データでの検証が有効なのです。

データから「面白いこと」を考え出す

「面白いこと」自体を考え出す際も、データは重要な役割を担います。「今、何が売れているのか」「どんな人がどんなものを選ぶのか」「今はどんなものが当たり前とされるのか」といった、情報を知らなければ、せっかく提案したアイデアも「あー、そんなのもう古い」とか「当たり前すぎる」「的外れだ」といわれてしまうでしょう。情報を集め、データとしてまとめ（分析し）、自分の考え方（視点）に反映するためにデータを活用することは強力な武器といえるのです。

この本では、世の中にはどんなデータがあるのか、データをどう分析すると何がわかり、どんな武器となるのかを学んでいきます。ただし、統計学や数学を学ぶわけではありません。徹底的に、道具としてのデータ活用方法を学習し、Excelで実際に分析していきながら、武器として身に付けることを目指します。

LET'S TRY

演｜習

> 何か具体的な商品・サービスを決め、それをもっと流行らせる方法を考えてみましょう。それが「確かにうまくいきそうだ」と思ってもらうために、どんなデータが必要かを考えてみましょう。

データと分析結果を
対応付けて考えよう

データ活用とかいわれても、データなんて持ってないですよ？

ネットで検索すれば、いろいろなデータが見つかりますよ。欲しいデータがなければアンケートで集めるという手もあります。

データ分析は料理に例えるとわかりやすい

データとは何か、もしくはデータ分析とは何かを考える際、料理に例えるとわかりやすくなります。

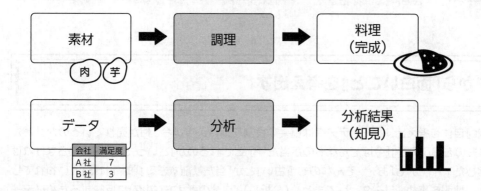

　例えば、料理をこれから作る（もしくは勉強する）ときに、素材のことばかり気にしていたら、何ができるのかよくわからなくなってしまうのではないでしょうか？　やはり料理の主役は「完成した料理」で、それを作るために「どんな素材が必要か」を考えるのが自然な流れです、料理の上級者ならば、そこにある素材から素晴らしい料理を考え出せるかもしれませんが、それは上級者だからできることです。

　では、データ分析はどうでしょうか。データ分析の勉強を始めると「データ」とか「分析方法」ばかりが解説され、「何の役に立つかわからない」と感じられることが少なくありません。それは勉強の仕方が逆だからです。料理に該当する**「データで何ができるのか（分析結果）」**を探して、眺めることから始めましょう。料理でいえば、食べ歩きをするとか、料理を検索してどんな料理がおいしそうかを眺めるということと同じです。

ネットでデータやグラフを検索してみよう

　ネットの検索が発達したおかげで、データで何ができるかを探すのも、昔よりはかなり楽になりました。例えば、Googleなどの検索エンジンで「統計データ　グラフ」で検索してみましょう。いろいろな情報が見つかるはずです。

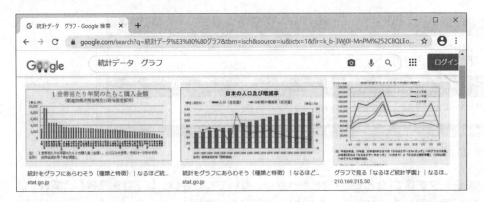

　グラフとは、データを視覚化（ビジュアル化）してまとめた分析結果で、料理に該当します。そのグラフで何がわかり、「役に立つ情報だ」と思うか「つまらないグラフだった」と思うかを考えてみましょう。これだけで、データ活用力は急激に身に付いていきます。「役に立つか」とか「意味があるか」を考えると、自分がグラフを作る際に、どんなグラフを作れば（どんな分析をすれば）自分もしくは誰かのために役立つかを、判断する力が身に付きます。誤解を恐れずにいえば、この判断力さえ身に付ければ、誰かに「もっといいグラフ」をオーダーできるはずです。逆にこれができなければ、人が作ったグラフだけしか使えないということになってしまいます。

　データ分析を難しく考えず、まずはグラフを探して評価してみましょう。

QUESTION
Q

ネットや書籍などからグラフを探して評価してみましょう。そして、探したグラフがどんなもので、なぜ役に立つ（役に立たない）と思うかをまとめてみましょう。

慣れてきたらデータも探してみよう

　グラフなどを探して評価することで、ある程度「分析するとはどんなことなのか」をイメージできるようになったら、料理における素材＝データを探してみましょう。これもGoogleなどで検索するといろいろ探すことができます。もしくは、データがたくさん集まったサイトを眺めてみることも役に立ちます。

　有名なものでは、総務省のWebサイトがあります。次の図のように、様々なデータが提供されています。興味が持てそうなものを開いてみて、データとはどんなものかを眺めてみてください。

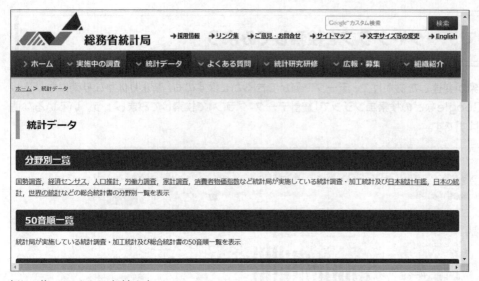

https://www.stat.go.jp/data/

　ただし、開いたデータを見て「なんだこれ」とがっかりしないでください。以下は総務省が公開している「年齢(5歳階級)，男女別人口」の統計データですが、数値ばかりですね。

年齢階級 Age groups	2020年12月1日現在（概算値） （令和2年） December 1, 2020 (Provisional estimates) 総人口 Total population			2020年7月1日現在（確定値） （令和2年） July 1, 2020 (Final estimates) 総人口 Total population			日本人人口 Japanese population		
	男女計 Both sexes	男 Male	女 Female	男女計 Both sexes	男 Male	女 Female	男女計 Both sexes	男 Male	女 Female
	人　口　（単位 万人） Population (Ten thousand persons)			人　口　（単位 千人） Population (Thousand persons)					
総　数　　Total	12571	6118	6453	125,836	61,226	64,610	123,352	59,991	63,361
0 ～ 4 歳 years old	485	238	226	4,894	2,406	2,288	4,611	2,363	2,248
5 ～ 9	500	256	244	5,042	2,580	2,462	4,969	2,542	2,427
10 ～ 14	534	273	260	5,341	2,736	2,605	5,282	2,706	2,576
15 ～ 19	566	290	276	5,724	2,932	2,792	5,626	2,882	2,744
20 ～ 24	641	331	309	6,386	3,298	3,089	5,977	3,070	2,907
25 ～ 29	630	326	304	6,275	3,240	3,036	5,879	3,010	2,868
30 ～ 34	656	336	320	6,635	3,391	3,244	6,338	3,230	3,108
35 ～ 39	738	374	364	7,432	3,787	3,665	7,204	3,658	3,546
40 ～ 44	835	423	412	8,472	4,289	4,183	8,289	4,210	4,079
45 ～ 49	979	495	484	9,801	4,954	4,847	9,638	4,887	4,750
50 ～ 54	868	437	431	8,658	4,353	4,305	8,514	4,297	4,217
55 ～ 59	796	398	398	7,819	3,905	3,913	7,707	3,860	3,847
60 ～ 64	741	366	375	7,443	3,674	3,770	7,367	3,642	3,725

　数値の羅列なので、ただ眺めているだけでは面白みがないと感じると思います。この**「面白くない」という感覚**が重要です。だからこそ、それを調理（分析）し、**わかりやすく意味のあるもの（分析結果）に変える必要がある**わけです。

　この本の目的の1つは、単なる文字や数値の羅列から面白いものを抽出する武器を身に付けることにあります。「これを眺めていても役立てにくいから、どうにかしてやろうというのが、『分析だ』」というイメージを持って、次のSECTIONから1つずつ学習していきましょう。

03　分析結果を利用する人に　　なりきって考える

> データは手に入ったけど、どこから手を付けたらいいのか
> もわかりません。

> そういうときは、まず何がわかれば役に立つのかを考えてみることから
> 始めてみましょう。

データ分析の基本は「要約」

　データをそのまま眺めていても、全体像がよくわかりません。そこで、まずは「パッと見て理解できるようにまとめてしまおう」という分析手法が**要約**です。要約について詳しくは後の章で学習しますが、ここでは、以下のような小売店の売上データをもとに考えていきます。いわゆるレジのデータです。1日1000人のお客さんが買い物するとすれば、1000件の購入金額のデータがあることになります。

1000 人のお客さん　　　　　　　　　　　　　1000 件の購入金額のデータ

QUESTION
Q

　こんなデータが日々蓄積されているとして、ここからどんなことがわかったらビジネスに役立つと思いますか？　考えてから先に進みましょう。

よい分析をするには「誰かになりきる」ことが重要

　さて、どんなことを思いつきましたか？　データは、いろいろな角度から分析できます。したがって、何に使うかを先にイメージしないと、せっかく分析しても使えない（面白くない）結果になってしまいます。料理であれば、「食べる人が何を食べたいのか、何を作れば喜んでもらえるか」を先にメニューとして考えてから作り始めるはずです。データ分析も同じで、**その結果を誰がどう使うか**を先に考える必要があります。皆さんは、分析者だけでなく、一人二役で**分析結果の利用者**も演じなければいけません。

利用者になりきって、「何を得られたら有益なのか」を想像する力が必要です。

65万円の売上は多い？少ない？

　先ほどの売上データであれば、どんなことがわかったら便利でしょうか。例を考えてみましょう。

　1日ごとに売上の合計を計算して、ある日の売上合計金額が65万円だったとします。それだけ見ても「だから何？」と感じないでしょうか。65万円という合計金額が、多いのか少ないのかを判断するためには「普段の売上」を知っておく必要があります。もちろん、このお店の人ならば経験的に65万円が高いか否かを判断できるでしょう。でも、その経験がない人は、例えば直近30日の売上金額の傾向をグラフにして参考にするとか、30日間での1日の平均売上を計算するなどして、65万円の価値を知るための「基準」を用意しなければいけません。

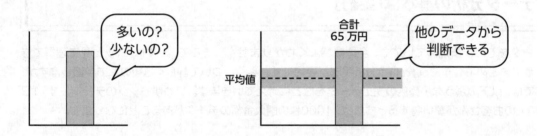

　データ分析は道具なので、得られた結果だけでは意味がありません。先ほどの「合計」という値も、それを売上の傾向を把握するために用いるという「ストーリー」があって、はじめて意味をなします。データ分析の様々な手法を勉強する際も、「これって何に役立つのか」を意識しなければ、単に道具を知っているだけで使えないことになってしまいます。

　最近、データ分析を専門とする「**データサイエンティスト**」という職業が脚光を浴びています。データサイエンティストは、単に数学に詳しいだけの人ではありません。「何を明らかにすれば、誰のどんなことに役立つのか」を説得力あるストーリーとして描ける人たちだからこそ、注目を集めているのです。

LET'S TRY

演 習

売上のデータで何がわかれば役に立ちそうかについて、メモを作ってみましょう。そして、この先本書を読み進めていきながら、メモした内容にどの手法が使えるかを考えてみましょう。売上以外のデータについても、自分の興味があるテーマでも行ってみましょう。なお、この章以降の演習では、皆さん自身の興味のあるデータで考えてみる（もしくは分析してみる）演習があるので、ここでどんなデータに興味があるかを考えてから、読み進めましょう。

データ分析のための武器を身に付けよう：Excelのススメ

データを分析したいけど、どうやって勉強したらいいか
わかりません。教科書を見たけど難しそうで……。

データ分析は道具だから、実際に使いながら覚えていきましょう。特に
必須ビジネスツールの「Excel」を使って勉強するのがおすすめです。

データ分析は使いながら覚えよう

　データ分析には、統計学の知識が要求されます。だからといって、統計学を学んでからでないとデータ分析が始められないわけではありません。例えば、電子レンジの仕組みがわからなくても、「何ができて、どう使うのか」さえ知っていれば、道具として活用できるのと一緒です。ということで、Excelを使いながらデータ分析を学んでいきましょう。

　その際におすすめなのはExcelです。ExcelはMicrosoft Officeに含まれる表計算ソフトで、ビジネスの現場では、もはや必須スキルとなっています。本書はExcelの解説書ではないので、データ分析に必要な最低限の機能の使い方を説明するにとどめます。

Excelを開いてみよう

　Excelを起動すると、以下のような表形式の画面が開きます。

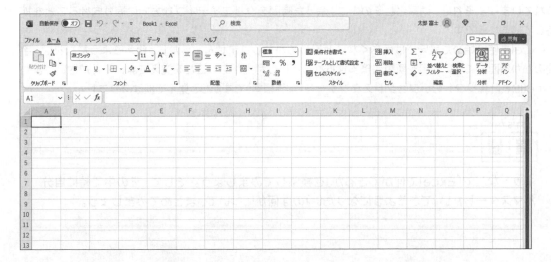

あまり面白みがない画面ですが、この表の部分にデータが入り、それをもとに、グラフを作ったり、分析をしたりすることができます。

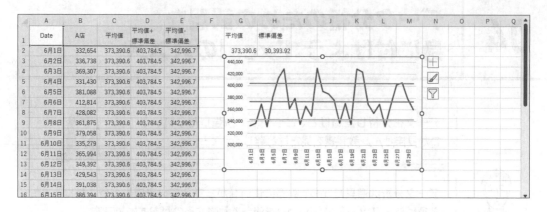

どうしてExcelを使えるようになりたいのか（手抜きのススメ）

Excelに限らず、ある種のパソコンソフトを使えると便利なのは、生産性が高いためです。例えば、前のSECTIONの売上のデータを思い出してみましょう。1日1000件のレシート（売上）があったとして、仮に電卓で1日の合計売上を求めようとしたら、とても手間がかかるはずです。その上、電卓に入力したデータは記録されないので、後で「あの日の売上いくらだっけ」と再計算が必要になったら、また同じ計算をすることになってしまいます。

> Excelなら計算を自動で行ってくれますし、途中段階で入力したデータも残っているので、他の用途にも使えます。

適切かつ簡単にデータを分析できるようになれば、余った時間を他のことに使うことができます。やや大きな話になりますが、現在、国でも行政のデジタル化（デジタルトランスフォーメーション）が進められています。それは、効率化とその先に、余った時間をクリエイティブな方向に振り向けることを期待しているからです。

Excelを使い始めた段階では面白くないと感じるかもしれません。しかし、使えるようになれば、手間のかかる面白くない仕事を簡単に済ませられるという利点があることを覚えておいてください。また、Excelは表計算ソフトのデファクトスタンダード（業界標準）ですから、覚えて損はありません。

LET'S TRY
演 習

ネットなどで「Excelで何ができるか」を検索してみましょう。そして、その中で特に自分がマスターしたい（できるようになりたい）のは何かについて、まとめてみましょう。

COLUMN

情報セキュリティとITリテラシー

ITリテラシーの中で、普段から注意しておきたいものが、情報セキュリティです。データには、人の
プライバシーに関わるものがたくさん含まれているからです。

例えば、最近ネットで検索した商品が、関係ないサイトのバナー広告などに出てきて驚いたことは
ないでしょうか？　それは皆さんがどんなサイトを過去に見たかが記録されているからです。この広
告手法自体は合法なのですが、プライバシーに関わる情報と紐付けられると一気に大きな問題になり
ます。サイトの閲覧履歴や購入履歴と、個人名や住所が紐付けられれば、「不特定多数の誰か」ではなく、
「皆さん」の行動が第三者にわかってしまうのです。

データは使い方によっては便利なものですが、その一方で、使われ方によっては危険なものにもな
ります。

そう考えると、皆さんがデータを分析する側になった場合も注意が必要だと予想できます。データ
分析のためにアンケートをとるのは一般的な手法ですが、個人情報が入ったデータを暗号化せずに持
ち歩いたり、誰でもアクセスできるところに保管したりすると、データ漏えいの恐れがあります。その
ほかにも、データを集めた目的以外に用いて訴えられるといったデータ活用倫理の問題、データを意図
的に変更して誤った情報を発信する問題も引き起こしかねません。

データ分析という強力な武器を学ぶ前に、このようなリスクと心構えをしっかり意識しておきま
しょう。

COLUMN

データサイエンティストはセクシーな職業だ

「Harvard Business Review」という世界的に有名なビジネス誌は、2012年10月号に、データサ
イエンティストを「21世紀で最もセクシーな職業」であるとする論文を掲載しました。ここでいうセク
シーとは、魅力的な仕事という意味で、人材も不足している（ということは需要が多い）上に、技術発展
の余地がある刺激的な仕事だということです。

人材が不足している理由には、「データ分析をする者は数学ができなければならない」といった先入
観があります。ここまでも触れたとおり、道具としてのデータ分析は数学ではありません。使いなが
らマスターすべきスキルです。したがってサイエンティストでもありますが、もう一方で職人（マイ
スター）的な要素が強い仕事です。まだまだ人材不足が解消されることは当面ありませんので、チャン
スともいえます。さらに将来的には、データ分析を理解していて当たり前という時代も予想されるの
で、データサイエンティストを目指さないにしても、まったく学習しておかないことはリスクともいえ
ます。

01 ネットでデータを探してみよう

データ分析をしてみたいのですが、どんなデータを分析すればいいかわかりません……。

興味が持てないデータを分析してもつらいから、まずは、興味を持てそうなデータを探してみよう。

1次データと2次データ

　データ分析をするには、もちろんデータが必要です。そこで、まずはデータはどんなものがあるかをまとめて理解してしまいましょう。最初に押さえておきたいのは、データには「**1次データ**」と「**2次データ**」があるということです。

　簡単にいえば「1次データ」とは、何か知りたいことのために、**自分で集め作成したオリジナルデータ**のことを指します。アンケート調査のデータや実験調査のデータなどが典型的な例です。

　それに対して「2次データ」とは、他の人(もしくは自分も含むことがある)が過去に他の目的のために集めたデータを指します。いわゆる**2次利用する(他の用途に転用する)**という意味で2次データと呼ばれます。例えば、国が出している各種統計データや、論文や書籍で用いられているデータなどが該当します。

　自分で集めた1次データのほうが、より目的に合致したデータが得られるのですが、毎回自分でデータを集めるのは大変です。また、1次データを効率的に集めるためには、「今何がわかっていて、新たに何を明らかにしたいか」をしっかり整理する必要があります。そのために、先行する既存の2次データを調べて、現時点でわかっていることを把握することが望まれます。この**先行事例や先行調査データを集める作業を「レビューをする」**といいます。データ活用のためには、レビュー力も重要な力となります。Googleなどの検索技術の発展によって、レビューがしやすくなっているので、ぜひ自分が知りたい対象について、どんなデータがあるかを探してみましょう。

検索エンジンの活用のコツ

　検索エンジンを使うとデータを探しやすいというのはすでに説明したとおりですが、ネット上のデータが多すぎて、欲しいデータにたどり着けないこともしばしば起きてしまいます。ここではGoogleを例に、検索のコツについて学びましょう。

　1つ目のコツは、「(知りたいコトのキーワード)　＋　データ」で検索することです。簡単なキーワードだけで、いろいろなメーカーが提供しているデータにたどり着けます。

❶「ビールの売上 データ」で検索

　ただし分析をするためのデータなので、できればExcelやcsv（カンマ区切りのテキストデータ）といった形式のデータファイルが望ましいです。データファイルの形式で絞り込みたい場合は、「検索オプション」を活用します。

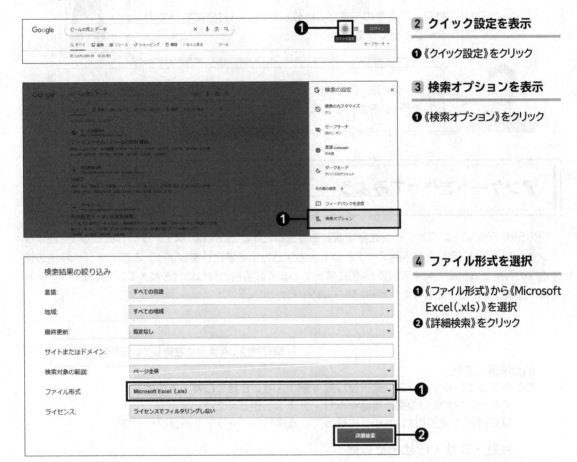

2 クイック設定を表示

❶《クイック設定》をクリック

3 検索オプションを表示

❶《検索オプション》をクリック

4 ファイル形式を選択

❶《ファイル形式》から《Microsoft Excel(.xls)》を選択
❷《詳細検索》をクリック

第 **5** 章　データの準備とデータのタイプ

データを利用する際に出所を記載する必要があるので、どのサイトからダウンロードしたかをしっかり記録しておきましょう。出所を記載しないでデータを利用すると著作権侵害や盗用になるうえ、信用できない分析になってしまうので注意しましょう。

LET'S TRY

知りたいことを「キーワード」にして、データファイルを検索してみましょう。

アンケートデータを使ってみよう

検索してみたのですが、自分が知りたい対象についての
データが出てきません……。

2次データでは、目的にピッタリ合わないということもあります。それなら1次データを集めてみましょう。

アンケートを作ってみよう

　前のSECTIONでは、2次データを探す演習をしましたが、ここでは1次データの作成として、簡単なアンケートを作り、それを分析用データとして入力する方法を学習しましょう。ここでは、「大学生の携帯電話の利用と満足度に関する調査」を例に考えてみます。各自の興味に置き換えて、どんなアンケートを作ればいいかについても考えながら、読み進めてください。

調査対象：A大学に在籍している学生300人

調査項目（変数）：
Q1 今使っているキャリア（選択肢設問4択：A社、B社、C社、その他）
　　あなたが今お使いの携帯電話キャリアを1つお選びください。
　　複数台ある場合には、メインに使っている携帯のキャリアをお選びください。

　　A社・B社・C社・その他（　　　　　　　　　　　）

- -

Q2 Q1でお答えいただいた今お使いの携帯電話キャリアの満足度を
　　1点（不満）から10点（満足）の10点満点でお答えください。

　　（　　　　　　　　　　　）点

- -

Q3 機種変更意向（選択肢設問2択：あり、なし）
　　Q1でお答えいただいた今お使いの携帯端末を買い替えたいと思っていますか。

　　あり　・　なし

- -

Q4 性別（選択肢設問2択：男性、女性）
　　最後にあなたの性別を教えてください。

　　男性　・　女性

アンケートを作るコツ

アンケートを作るには様々なコツがありますが、ここでは最低限押さえておくべきポイントを紹介します。

1) 知りたいことをしっかり考えてから設問を設定する

アンケートで回答を集めてから「どう分析しようかな」と考えるのは、失敗のもとです。データを集める前の段階から、「何を明らかにするのか」をしっかりと考えながら、調査項目を設計しましょう（第7章で解説する「仮説の立て方」を学ぶと設計しやすくなります）。

2) 聞きたいことがたくさんあっても、可能な限り設問数は少なく絞る

知りたいこと、聞きたいことがたくさんあっても、調査項目が多くなりすぎると回答者が適当に答えてしまって、よいデータが取得できなくなります。必要最低限の項目は何なのかを考え、可能な限り設問数を減らしましょう。

3) 選択肢の場合、「選びようがない」が起きないようにする

選択肢問題の場合、回答者が「選べるものがない」というミスが起きがちです。回答者が選べないものをなくすようしっかり選択肢を用意するのはもちろんですが、「その他」や「わからない」などを活用することも検討しましょう。

4) 本調査の前にテスト調査をして、ちゃんと答えられるようになっているか確認する

アンケートの作り方にはまだまだ注意点がありますが、一番よい方法は、本調査をする前に、一度テスト調査を行い、参加者に「わかりにくい設問はなかったか」「答えにくくなかったか」などを評価してもらうことが有効です。テスト調査で質問票を改善してから本調査に進みましょう。

変数のタイプとデータの入力

データとして集める値は、大別して選択肢と数値があります。**前者を「質的変数」、後者を「量的変数」**といいます。なお、変数とは「知りたいコト」を表しています。例えば、回答者が使っているキャリアを知りたい場合、「使っているキャリア」という変数を作成するという具合です。そしてその変数の中に「A社」「B社」という選択肢があり、それを「値」といいます。なお、変数は細かな分類がありますが、ここでは「質的（選択肢）」、「量的（数値）」と整理しておけば十分です。

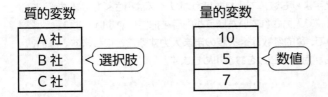

質的変数

A社
B社	＜選択肢
C社

量的変数

10
5	＜数値
7

さて、この点を踏まえ、データを入力していきます。ここから先の話は、データ分析をするうえで、とても重要なポイントですので、しっかり理解してから先に進みましょう。

データは、基本的に「行」と「列」からなります。以下の図のように、Excelのシートをイメージするとわかりやすいのですが、**横方向を「行」、縦方向を「列」**と呼びます。

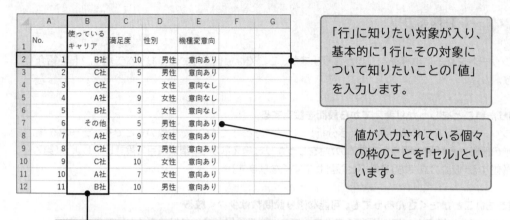

「行」に知りたい対象が入り、基本的に1行にその対象について知りたいことの「値」を入力します。

値が入力されている個々の枠のことを「セル」といいます。

「列」に知りたいコトが入ります。先頭行にラベルとして、知りたい内容（タイトル）を入力します。このタイトルのことを「変数名」といいます。

重要なのは、知りたい対象を「行」に、知りたいコトを「列」に入れるというルール（標準的な形式）を守ってデータを作る癖を作ることです。

行に「知りたい対象」、列に「知りたいコト（変数）」を指定するのは、理由があります。Excelをはじめ、データ分析用のソフトは、この形を前提に各種機能が作られているからです。したがって、この形でデータを用意しておかないと、グラフを作ったり、表を作ったり、高度な分析をしようとしたりする段階で、データの整形作業が発生します。分析用データはこの形で用意するということを強く意識してください。

COLUMN

選択肢の2つの入力方法

　上記の図では、「使っているキャリア」をA社、B社というように選択肢（名義）のまま入力しています。この方法が基本ですが、データ入力上は、「1（A社）」「2（B社）」「3（C社）」「4（その他）」というように数値で入力することもあります。数値のほうが入力しやすく、読み合わせ（入力があっているかを確認する作業）も楽ということに加え、データ量が大きくなったときに、データサイズ（ファイルサイズ）が大きくなりすぎないという利点もあります（文字よりも数値で入れたほうがサイズは小さくなります）。ただし、データをパッと眺めたときは、選択肢で入力されていたほうが内容を把握しやすいですね。

　本書ではExcelでの分析を学習するので、質的変数は選択肢のまま入力することにします。なお、選択肢が長い場合には、その省略形などを利用することをおすすめします。

分析用データと分析結果データの違い

　先ほど「分析用データ」といったのは、データには**「分析結果データ（結果を伝えるためのデータ）」**もあるためです。料理でいえば、素材と調理後の料理の違いです。

　具体的な事例をもとに考えてみましょう。以下の表は「営業担当」と「商材」ごとの売上を集計したもので、違いは行と列が入れ替わっていることだけです。

	商材1	商材2	商材3	商材4	商材5
営業担当 1	114	21	96	39	18
営業担当 2	79	68	127	106	63
営業担当 3	93	3	101	64	49
営業担当 4	65	66	128	104	31
営業担当 5	4	35	99	13	85
営業担当 6	122	88	47	85	62

行／列が逆のデータ

	営業担当1	営業担当2	営業担当3	営業担当4	営業担当5	営業担当6
商材1	114	79	93	65	4	122
商材2	21	68	3	66	35	88
商材3	96	127	101	128	99	47
商材4	39	106	64	104	13	85
商材5	18	63	49	31	85	62

　分析結果のデータとする場合は、どちらでも同じ意味です。しかし、分析用データとする場合、2つのデータの意味が変わってきます。

　分析用データとして見た場合、上段のデータは「誰がどんな商品を売っているか」になり、下段のデータは「何が誰によって売られているか」になるからです。一見同じように感じるかもしれませんが、この違いはのちのち重要になります。

　分析用データは、「行に知りたい対象、列に知りたいコト」という基本を忘れないようにしましょう。

LET'S TRY

演習

興味がある内容でアンケートを作成し、それを分析用データとして入力するとしたらどんなExcelシートになるか、考えてみましょう。ここではアンケートと分析用データの形をイメージすることが目的なので、実際にデータを集めなくても、考えた結果に合わせて入力のひな型を作るだけでOKです。

データの対象をしっかり理解し、説明する

アンケートを集めてみました！　これでうちの大学全体の傾向がわかりますよ！！

ホントに大学全体の傾向っていい切れますか？　教室でアンケートを配って集めたデータらしいけど、それだと学年が偏っているのでは？

え？　そこまで考えないとダメなんですか……。

誰に聞くかをしっかり決めよう（母集団という考え方）

　アンケートデータでよく問題になるのは、「知り合いに答えてもらった」とか「SNSにお願いを載せて答えてもらった」といったように**偏りを意識せずに集めてしまう**ことです。この集め方自体が悪いとまではいえませんが、そのデータからの結論を一般化するときに、当てはめる範囲によっては不適切なこと（データが使えない）になってしまいます。

　例を挙げて考えてみましょう。○○大学の1年生の講義で、「最近気になっているアーティストは誰か」というデータを集めたとします。その結果をもとに「○○大学では、Aというアーティストが人気だ」といえるでしょうか？　「それは大学1年生の話で、4年生など年齢が上がると興味がないんじゃない？」という突っ込みが入りそうですね。それでは、「○○大学の1年生の間では人気」といえるでしょうか？　今度は「それは講義に出席しているまじめな人に人気なだけで、講義に出席していないような人は聴かないよ」といわれてしまうかもしれません。

　データ分析では、知りたい対象のことを**母集団**といいます。そして、そこから一部を抽出（サンプリング）したものを**標本データ（サンプルデータ）**といいます。

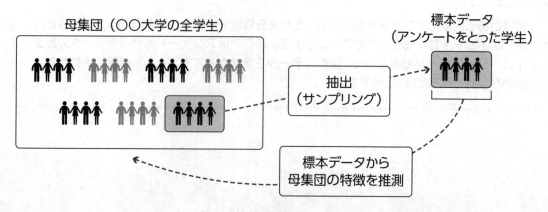

アンケートなどのデータが、知りたい対象のすべての人から集められない（つまり一部のデータしか集められない）場合は、「そもそも知りたい対象は何で、その対象のことを表すデータになっているのか」を慎重に検討する必要があります。

（例えば、どんなアーティストが人気なのかを）標本データを分析し、母集団の傾向を推測するというのが、データ分析の1つの大きな目的です。

偏らないための抽出とは

さて、この母集団（本当に知りたい対象）から一部のデータを抽出するには、どうすればいいでしょうか？　意味のあるサンプリングをするためには、得られた標本データが、**母集団データの傾向を反映しているミニチュアになっている**ことが必要です。偏った標本データから母集団の傾向を推測したら、結果がゆがんでしまうからです。とはいえ、この母集団のミニチュアを正確に作るのは至難の業です。結局一部のデータしか手に入らない以上、完璧に母集団の傾向を反映することは不可能です。

そこで、少しでも偏りを避け、データを集める人の主観（都合）が入らないように、多くの場合、**「無作為抽出（ランダム・サンプリング）」** という方法が採用されます。無作為抽出とは、文字どおり、ある母集団から標本（サンプル）を無作為（ランダム）に抽出（サンプリング）する方法です。

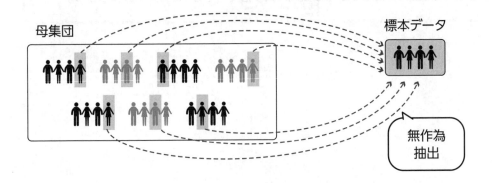

例えば、新聞社による意識調査を考えてみましょう。新聞社には主張に偏りがあるので、その主張を好む読者の意見に着目するだけでは、社会全体の意見を見ていることにはなりません。そもそも新聞を購読していない人も増えているわけで、購読者調査では社会全体を母集団とできません。

そこで、購読者か否かに関わらず、無作為に電話をかけるなどの手法がとられます。電話をかけるとしても、安易に電話番号のリストから抜き出すとそのリストがそもそも偏っているかもしれないので、11桁の番号をランダムに生成し、自動的に発信するという「ランダム・デジット・ダイヤリング（RDD）」という手法が考え出されています。

このように「ランダム」に対象を選定することで、可能な限り偏りを減らす努力をする必要があります。

偏っていても使える結果にするために

　しかしながら、RDDを用いても、「知らない番号からかかってきた電話には出ない人の意見は集められないではないか」という批判はあり得ます。それに、学生が調査をするときに、社会の傾向を知りたいからといって、毎回RDDを行うことは現実的ではありません。では、厳密に偏りがない標本データでなければ、データを分析して、意味のある分析結果を得られないのでしょうか。

　もちろんそんなことはありません。ではどうすればよいでしょうか。それは、集めたデータの特徴をしっかり示すことです。先ほどの例でいえば、「**このデータは○○大学の△△という講義に出席していた◇◇人のデータです。その中での性別やコースなどの回答者属性の構成は以下のとおりです**」という具合に、データやそこからの結果を読む側が、どんな母集団を想定してよいか（結果をどこまで一般化していいか）が判断できるようにしておくことです。それによって、偏ったデータであっても、偏ったことを踏まえた結果として活用できます。

LET'S TRY

演 習

　第5章 SECTION1の演習で、2次データがどんな対象を想定していたか、そしてなるべく偏りのない標本データにするためにどんな工夫がなされているかを確認しましょう。偏らない工夫がなされていないこともあり得るので、その場合にどんな問題があるか、結果がどう怪しいと思うか（実際の結果はどんな傾向だと予想できるか）を考えてみましょう。

04 3つのデータの形

ネットで検索したり、アンケートをとったりしてみたら、大まかな傾向が見えてきました。

せっかくなので、データを類型化しておきましょう。データのタイプを知ることは、Excelやデータベースで利用する際にも重要です。

クロスセクションデータ

先ほど、ある講義の中でアンケートをとる例を考えました。このように、ある時点でのデータを**クロスセクションデータ（横断面データ）**といいます。ちょっと難しい用語ですが、要は、「ある時点で対象がどういう状態か」を取得したデータと理解しておけば大丈夫です。アンケートなどのデータの大半はクロスセクションデータなので、いわば普通のデータというイメージです。

それでは、ビジネスデータの例を1つ挙げて考えてみましょう。以下は、あるコーヒーチェーンの10店舗について、ある月にいくら売り上げたのか（月間売上高）、何人の来店があったのか（月間来店者数）などを記録したデータです。知りたい対象は、「10店舗」ですので、行方向に店舗名が入り、列方向に知りたいコトの「月間売上高、月間来店者数」が入っていることがわかります。これは特定の月の状態を抜き出したものなので、クロスセクションデータです。

	A	B	C	D	E
1		月間売上高	月間来店者数	月間平均客単価	
2	A店	11,201,718	7,122	1,573	
3	B店	8,427,423	5,215	1,616	
4	C店	21,821,004	17,869	1,221	
5	D店	11,868,364	9,702	1,223	
6	E店	17,793,562	13,714	1,297	
7	F店	16,446,279	13,093	1,256	
8	G店	13,773,338	13,763	1,001	
9	H店	16,652,643	15,376	1,083	
10	I店	15,876,758	14,227	1,116	
11	J店	14,775,055	14,362	1,029	
12					
13					

ある1カ月のデータをまとめた「クロスセクションデータ」

ある時点を抜き出した「時間経過による変化を考えないデータ」であることが特徴です。

時系列データ

1時期を切り取ったクロスセクションデータに対して、時間の推移に沿って記録されるデータを**「時系列データ」**といいます。

例えば、ある店舗（例えばA店）の日々の売上高の推移をまとめたデータなどです。この場合、表すものは「〇月●日の『売上高』はいくらか」となるので、行に「日付」、列に「売上高」が入り、下図のようなデータになります。

	A	B	C	D	E	F	G	H	I	J
1	Date	A店の売上高	A店の来店者数							
2	6月1日	332,654	190							
3	6月2日	336,738	203							
4	6月3日	369,307	224							
5	6月4日	331,430	281							
6	6月5日	381,088	273							
7	6月6日	412,814	306							
8	6月7日	428,082	271							
9	6月8日	361,875	241							
10	6月9日	379,058	233							
11	6月10日	335,279	261							
12	6月11日	365,994	320							

日付

時間経過による推移をまとめた「時系列データ」

ビジネスでは、時系列データを分析対象とすることが多いという特徴があります。刻々と変化する売上に対応して戦略や戦術を考え、実行する必要があるとともに、過去の時系列データから業績を評価することも多いためです。

時系列データは、日付を行にするのが基本形です。

表の形式に着目すると、データ分析上おすすめなのは、**日付などの時間を行**に、**変数（知りたいコト）を列**にした形です。横に時間を採用するデータも見かけますが、分析時に使いにくいため、あまりおすすめしません（もちろん、分析用ではなく結果を見せるためのデータであれば、どちらを行にしてもかまいません）。

それは、Excelのようなデータ分析ソフトに適した形式であるのに加え、時系列データはどんどん追加されるものなので、**行方向を増やすほうが管理が楽**だからです。自分でデータを集める場合は原則的にこの形式（行に時間）で作り、もし他者が作ったデータが列に時間が入っているようなら、Excelでデータを《コピー》してから、《貼り付け》の《▼》→《行/列の入れ替え》を選択して、行と列を反転しておくことをおすすめします。

	A	B	C	D	E	F	G	H	I	J	K
1	Date	6月1日	6月2日	6月3日	6月4日	6月5日	6月6日	6月7日	6月8日	6月9日	6月10日
2	A店の売上高	332,654	336,738	369,307	331,430	381,088	412,814	428,082	361,875	379,058	335,279
3	A店の来店者数	190	203	224	281	273	306	271	241	233	261
4											
5											
6											
7											

パネルデータ：1枚に入れるか、複数シートに入れるか

さて、次のデータを見てください。これは、クロスセクションデータでしょうか、時系列データでしょうか。

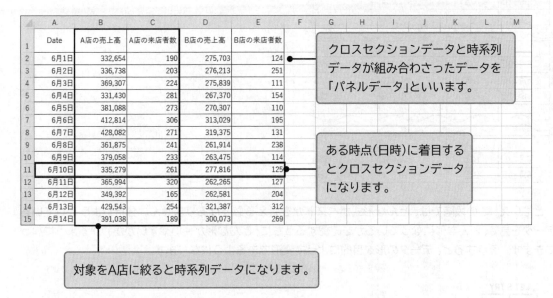

	A	B	C	D	E
1	Date	A店の売上高	A店の来店者数	B店の売上高	B店の来店者数
2	6月1日	332,654	190	275,703	124
3	6月2日	336,738	203	276,213	251
4	6月3日	369,307	224	275,839	111
5	6月4日	331,430	281	267,370	154
6	6月5日	381,088	273	270,307	110
7	6月6日	412,814	306	313,029	195
8	6月7日	428,082	271	319,375	131
9	6月8日	361,875	241	261,914	238
10	6月9日	379,058	233	263,475	114
11	6月10日	335,279	261	277,816	125
12	6月11日	365,994	320	262,265	127
13	6月12日	349,392	165	262,581	204
14	6月13日	429,543	254	321,387	312
15	6月14日	391,038	189	300,073	269

クロスセクションデータと時系列データが組み合わさったデータを「パネルデータ」といいます。

ある時点（日時）に着目するとクロスセクションデータになります。

対象をA店に絞ると時系列データになります。

実際のビジネスデータでは、複数の対象を時系列で記録しているデータがほとんどで、クロスセクションデータと時系列データが組み合わさったデータを**「パネルデータ」**といいます。上図のように複数店舗の売上記録のデータの他、同じ対象について毎月とったアンケートデータなどもパネルデータに当たります。皆さんの成績データも、知りたい対象：学生、知りたい基準：各科目の成績を毎学期記録していますので、パネルデータということになります。

なお、パネルデータになると、データの持ち方（入力の仕方）はいろいろな形式が考えられます。例えば、Excelであれば、以下のように1つの対象を1シートごとに入力する形式もあるでしょう。

	A	B	C
1	Date	A店の売上高	A店の来店者数
2	6月1日	332,654	190
3	6月2日	336,738	203
4	6月3日	369,307	224
5	6月4日	331,430	281
6	6月5日	381,088	273
7	6月6日	412,814	306
8	6月7日	428,082	271
9	6月8日	361,875	241
10	6月9日	379,058	233
11	6月10日	335,279	261
12	6月11日	365,994	320
13	6月12日	349,392	165
14	6月13日	429,543	254
15	6月14日	391,038	189
16	6月15日	386,394	197

< > A店 B店 C店 +

	A	B	C
1	Date	B店の売上高	B店の来店者数
2	6月1日	275,703	124
3	6月2日	276,213	251
4	6月3日	275,839	111
5	6月4日	267,370	154
6	6月5日	270,307	110
7	6月6日	313,029	195
8	6月7日	319,375	131
9	6月8日	261,914	238
10	6月9日	263,475	114
11	6月10日	277,816	125
12	6月11日	262,265	127
13	6月12日	262,581	204
14	6月13日	321,387	312
15	6月14日	300,073	269
16	6月15日	276,134	229

< > A店 B店 C店 +

ただし、複数シートに分けて入力する形式はとても使いにくく、データ活用を考えるとおすすめできません（とはいえ、この形式でデータを管理している会社も少なくないのですが）。これよりは、以下のように、1枚のシートに収まる形のほうが使いやすい場合が多くなります。

Date	店舗名	売上金額	来店者数
6月1日	A店	332,654	190
·			
·			
6月29日	A店	378,316	177
6月30日	A店	360,410	145
6月1日	B店	275,703	124
·			
6月29日	B店	261,682	168
6月30日	B店	270,674	180

とはいえ、この段階では、どんな形式がベストかを考える必要はありません。分析しようとしているデータを見て、どんな形になっているかを確認するうちに、どんな形が使いやすいかがわかるようになってきます。そうすると、データの形を目的によって変形できるようになります。

LET'S TRY

演 習

ネットからパネルデータを探して、どんな構造になっているかを確認してみましょう。

COLUMN

公開されているデータ（オープンデータ）のまとめサイト

ネット上には、分析に役立つデータがたくさん公開されています。こういったデータをオープンデータと呼びますが、ぜひ活用すべきデータです。大量にあるので、適宜検索して探す必要がありますが、以下のような代表的なサイトを知っておくと便利です。

e-GOV データポータル　https://www.data.go.jp/

COLUMN

数値の表示形式を設定して見やすくする

　桁が多い数値データを入力(表記)するときは、見やすくする工夫をしましょう。

　例えば、「12345678円」よりは「12,345,678円」のように3桁ごとに区切りを入れたほうが見やすくなります。ビジネス用途では、「12,345.678（単位：千円）」のように千円単位にすることもよくあります。

　Excelで表示形式を設定するには、《ホーム》タブの《数値》グループや《セルの書式設定》ダイアログボックスなどを利用します。《セルの書式設定》ダイアログボックスは、対象のセルを右クリックして《セルの書式設定》を選択して表示します。小数点以下の桁数や通貨記号の指定、マイナスを朱字にするなど様々な書式が利用できるので、見やすさを工夫してみましょう。

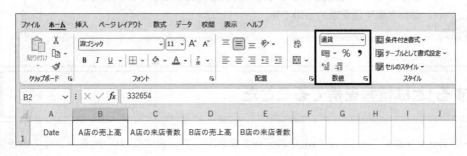

01 データの要約とは何か

> アンケートでデータを集めたので、分析してみたいのですが、何から始めたらいいでしょうか。

> まずは全体像を把握するために「要約」してみましょう。大きなデータの傾向を表す値を求めるのです。

「要約する」とは情報を捨てることだ

アンケートでデータを集めたら、いよいよそのデータを活用して、「役に立つ何か」を見つけていきましょう。最初に行うのは、先入観を持たずにザッとでいいので、データ全体を眺めることです。当たり前といえば当たり前かもしれませんが、実はこれが後ほど重要な意味を持ちます。ということで、まずは第6章.xlsxのシート「携帯アンケート」をExcelで開いてデータの全体像を眺めてみましょう。

	A	B	C	D	E	F	G	H	I	J	K	L	M
1	No.	使っているキャリア	満足度	性別	機種変意向								
2	1	B社	10	男性	意向あり								
3	2	C社	5	男性	意向あり								
4	3	C社	7	女性	意向なし								
5	4	A社	9	女性	意向なし								
6	5	B社	3	女性	意向なし								
7	6	その他	5	男性	意向あり								
8	7	A社	9	女性	意向あり								
9	8	C社	7	男性	意向あり								
10	9	C社	10	女性	意向あり								
294	293	C社	6	男性	意向あり								
295	294	B社	9	女性	意向あり								
296	295	B社	3	女性	意向なし								
297	296	C社	7	女性	意向あり								
298	297	A社	10	女性	意向あり								
299	298	B社	8	男性	意向あり								
300	299	その他	10	男性	意向なし								
301	300	C社	7	女性	意向あり								
302													

携帯アンケート +

このデータには、300行(300件)×5列(5変数)の情報が入っています。さて、これを眺めていて、「役に立つ何か」が見つけられるでしょうか? 中には、見ただけで「あれ?」と何かに気付く人もいるかもしれませんが、大半の人にとっては、データそのものを眺めていても、よくわからないというのが、実際のところでしょう。

昨今、**ビッグデータ**という言葉がもてはやされていますが、ビッグデータというのは別に新しいものではありません。人間にとって**「パッと見ただけでは内容が把握しきれない数」のデータ**はすでにビッグデータなので、その点でいえば昔からあるものです。一説では、データが10件以上あるとよくわからなくなるともいわれています。

そこで必要になるのが**「要約」**という分析手法です。要は「データをパッと見てわかるまで簡単にまとめてしまう」ということです。ここで一点、重要なことを指摘しておきます。データの要約に関しては、2つの対立する意見があるのです。

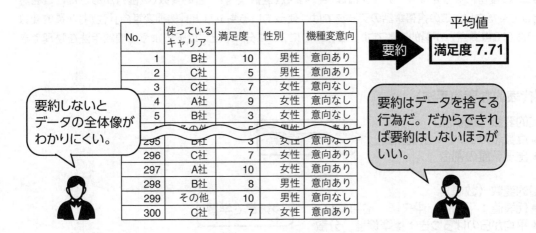

No.	使っている キャリア	満足度	性別	機種変意向
1	B社	10	男性	意向あり
2	C社	5	男性	意向あり
3	C社	7	女性	意向なし
4	A社	9	女性	意向なし
5	B社	3	女性	意向なし
295	B社	3	女性	意向なし
296	C社	7	女性	意向あり
297	A社	10	女性	意向あり
298	B社	8	男性	意向あり
299	その他	10	男性	意向なし
300	C社	7	女性	意向あり

要約 → 平均値 **満足度 7.71**

要約しないとデータの全体像がわかりにくい。

要約はデータを捨てる行為だ。だからできれば要約はしないほうがいい。

このジレンマを踏まえながら、データ分析をしていく必要があります。1つ例を挙げてみましょう。以下の質問について考えてみてください。

QUESTION
Q

この300人の満足度（10点満点）の平均値を計算したとします（平均値について詳しくは第8章で学習します）。その結果、満足度の平均値が7.71だったとします。この平均値は、300人分の満足度のデータを1つの数値に要約したものといえます。この値は何を意味するものだと思いますか？

10点満点の満足度だから、まあまあの評価だと感じる人もいるでしょうし、低いと感じる人もいるかもしれません。それは「解釈」の問題なので、ここでは一度置いておきます。問題は、実際のデータでは**10点の人も3点の人もいたのに、平均7.71といった瞬間にその情報が捨てられている**ということなのです。

ビジネスでは、平均で捨てられる情報にチャンスがある！？

質的データと量的データの要約の仕方

データをパッと見てわかるまで要約するには、いくつもの手法があります。とはいえ、普段よく使われるものは、さほど多くはありません。ここでは、まず「変数の種類」という視点から要約手法を整理しておきましょう。

第5章の復習になりますが、データには「質的変数（選択肢）」と「量的変数（数値）」があったことを思い出してください。この携帯電話のデータでは、「使っているキャリア」「機種変意向」「性別」が質的変数、「満足度（10点満点）」が量的変数です。このように2つに分けると、以下のように要約手法を整理できます。

〈代表的な要約手法〉

質的変数（選択肢）
- 度数のカウント：出現頻度　　←　この章で学習
- 出現頻度の割合

量的変数（数値）
- 代表値：平均値、中央値、最頻値など　　←　第8章で学習
- 平均からのばらつき：標準偏差、分散
- 最小値、最大値

それぞれの手法については、Excelでの計算の仕方を含め、次のSECTIONから1つずつ学習していきます。

ところで、ここで挙げた手法の中には、皆さんもすでに知っているものや、聞いたことがあるものも少なくないのではないでしょうか？　例えば、その代表的なものが「平均」でしょう。とはいえ、平均というおなじみの要約の仕方でも、**誤った使い方によって本来の力を発揮できていない**こともあります。

「これは知っている」と思っても、1つずつ読み飛ばさず学習してください。

次のSECTIONでは、まずは「質的変数」の要約から始め、Excelに慣れながらデータ活用方法を学んでいきましょう。

LET'S TRY

演 習

各自で探してきたデータの変数を確認し、どの変数が「質的変数」で、どの変数が「量的変数」かを確認しましょう。そして、それぞれどんな「要約手法」があるかを予想してみましょう。

02 Excelで要約してみる

Excelって、表を作るソフトでしょう？

それではもったいない。Excelは表で計算するソフト（表計算ソフト）です。計算の道具としてマスターすれば、強力な武器になります。

ピボットテーブルのススメ

Excelは「表計算ソフト」なので、データを計算する様々な機能が搭載されています。よく使われるのは**「関数」**で、「○○を使って平均値を計算しろ」といった命令を「＝AVERAGE(C2:C301)」という形式で指定します。

とはいえ、いきなり関数は難しいので、ここでは、**「ピボットテーブル」**という機能を使って要約する方法を学習していきます。ビジネスでも使えると便利な（にもかかわらず、使える人があまり多くない）機能ですので、実際に操作をしながらマスターしてしまいましょう。

1 ピボットテーブルの作成

❶ もとにするデータ内のセルを選択

❷《挿入》タブの《ピボットテーブル》をクリック

2 範囲を指定

❶《表または範囲を選択》に分析したいデータが指定されていることを確認（「携帯アンケート!$A$1:$E$301」となる）

❷ 作成先が《新規ワークシート》になっていることを確認

❸《OK》をクリック

第**6**章 アンケートデータを要約しよう

3 シートが追加された

❶ 新しいシートが追加される
❷《ピボットテーブルのフィールド》作業ウィンドウが表示される

　作業ウィンドウ右下の4つのボックスに、「変数名」をドラッグしていくと簡単に計算した表が完成します。まずは1つ作ってみましょう。

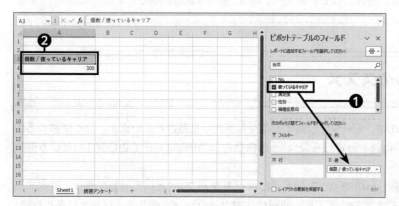

4 「個数」の表を作成

❶《値》に《使っているキャリア》をドラッグ
❷《使っているキャリア》のデータ件数が表示される

　もちろん、これだけでは単にデータの個数がカウントされただけですので、ありがたみはありません。そこで、携帯キャリアごと(グループごと)のデータの個数を計算してみましょう。

グループごとの頻度の計算

　ピボットテーブルの作業ウィンドウで「列(または行)」を指定することで、その基準で分割した内訳を作成できます。このような出現頻度をカウントした表を**「度数表」**といいます。

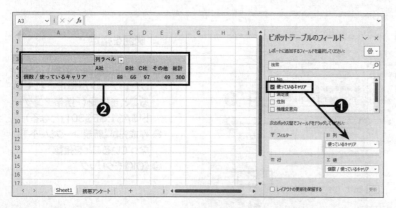

1 キャリア別に求める

❶《列》に《使っているキャリア》をドラッグ
❷《列ラベル》に《A社》《B社》などの選択肢が表示される

これを見れば、A社のユーザーが88人、B社は66人といったように、データの構成（内訳）を要約できます。実際には、A社、B社とかではなく、具体的な社名が入りますので、「A社は人気があるなぁ」とか「思ってたほどは、人気がないな」というように解釈しやすくなるわけです。重要なのは、分析をすることではなく、分析結果から自分が何を感じるかを考えることです。

「ファクト」と「ファインディング」

上の要約（度数のカウント）をすれば、みんな同じ結果になるはずです。これはデータから客観的に情報を取り出したことになります。この客観的な情報を「**ファクト（客観的事実）**」といいます。それに対し、同じ度数を見ても「人気がある」「人気がない」と感じるのは分析者側の主観的判断です。このような情報を「**ファインディング（主観的解釈）**」といいます。

データ分析は、ファクトに基づいてファインディングを導き出す作業です。計算が正しくできることがメインの目的ではありません。結果をいかに読み解くかを考える力こそが、これからのデータ活用に求められる力になります。

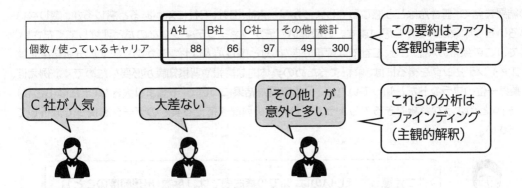

	A社	B社	C社	その他	総計
個数 / 使っているキャリア	88	66	97	49	300

この要約はファクト（客観的事実）

C 社が人気

大差ない

「その他」が意外と多い

これらの分析はファインディング（主観的解釈）

ピボットテーブルでの構成比の計算

さて、結果を解釈する（ファインディングを探す）ためにも、分析結果を見やすくすることが大切です。今回、A社88人といっても、何人中88人なのかによって、判断が異なるはずです。そこで300人中88人と表現するよりは、何%がA社を使っているのかというように割合にしてしまうほうが便利です。それでは、先ほどの度数表を割合に直してみましょう。

1 計算の種類を選択

❶ ピボットテーブルの数値のセルを右クリック

❷ 《計算の種類》→《行集計に対する比率》を選択

先ほど作成した度数の表は1行に4つの値が入っています。そこでその合計（行方向の集計（300件））に対する割合を計算すると以下のように構成比率が%で求められます。

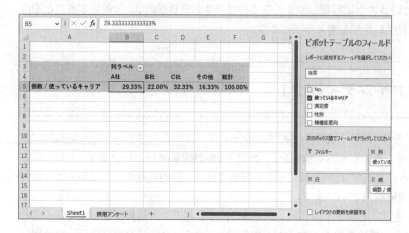

このように構成比を表示すれば、「58件中〇〇件」のように切りが悪い件数でも、パッと見て評価できるので便利です。

この結果を見て、皆さんはどう感じるでしょうか？　A社、B社、C社に差があると感じるか、感じないか。いろいろな印象があるかと思います。この違いこそがファインディングなのだと理解してください。

そして、「この架空のA社、B社、C社では解釈できない」と感じた人はセンスがあります。分析結果を解釈し、ファインディングを得るには、解釈するための具体的な情報や背景知識が必要なためです。例えば、A社が業界一位のブランドだと知っていたら、分析で得た結果について「予想より大きな（または小さな）値だった」などのような解釈できるでしょう。ぜひ各自の興味を持てる実際のデータを使って分析してみてください。

1つ注意してほしいのは、%での構成表では、「度数（出現頻度のこと）」という情報が捨てられているという点です。

この表を見ても、全体度数が30件なのか3000件なのかはわかりません。すでに確認したとおり、「要約とは情報を捨てていく作業」ですので、このように何かが捨てられることを意識して利用してください。多くの場合、%の表には**全体度数（300件）**という注記を付けて利用します。

LET'S TRY

演 習

上記のピボットテーブルを「性別」や「機種変意向」などでも作成してみましょう。すでに作った表から項目（使っているキャリア）を取り除くには、先ほどの「列」や「値」のボックスに入れた「使っているキャリア」をボックスの外にドラッグすると消すことができます。

いろいろ表を作ってみたけど、パッと見てわかるという感じがしないんですよね。

それなら、その表からグラフを作って、結果を視覚化してみましょう。

集計表からグラフを作る

ここまでは「質的変数」を要約するために、その選択肢ごとの出現度数（度数表）の作成とその出現比率（構成表）を作成してきました。これを視覚化するために用いられるのが「棒グラフ」「100％積み上げ棒グラフ（帯グラフ）」です。それぞれ作る方法を学習しましょう。

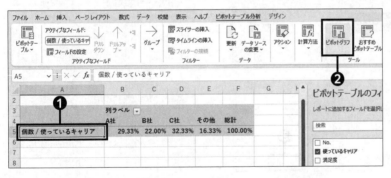

1 グラフの作成

❶ 作成した表（ピボットテーブル）内のセルを選択
❷ 《ピボットテーブル分析》タブの《ピボットグラフ》をクリック

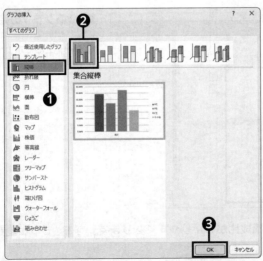

2 グラフ種類の選択

❶ 《縦棒》を選択
❷ 《集合縦棒》を選択
❸ 《OK》をクリック

第**6**章　アンケートデータを要約しよう

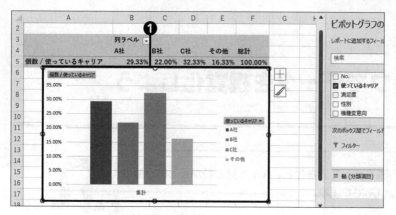

3 縦棒グラフの完成

❶ シート上にピボットグラフが追
　加される

　ここでは、選択肢ごとの度数で「縦棒」を描いています。これを見るとC社が多い、2番手がA社ということが視覚的にわかりやすくなっています。

　この縦棒を並べたタイプの棒グラフは、度数などの多少を比較するにはわかりやすいですが、構成比の比較にはあまり向きません。構成比を見る目的なら100%積み上げ棒グラフのほうが適しています。なお、100%積み上げ棒グラフの場合でも「縦棒」でもよいのですが、「横棒」で100%積み上げ棒グラフを作ったほうが、横長の画面に収まりがよいので、「100%積み上げ横棒グラフ」が多用されます。このグラフは別名「帯グラフ」とも呼ばれます。

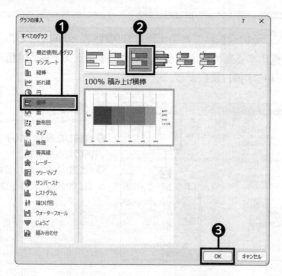

1 グラフ種類の選択

❶《横棒》を選択
❷《100%積み上げ横棒》を選択
❸《OK》をクリック

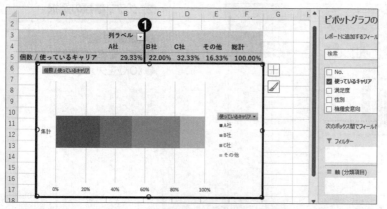

2 横棒グラフの完成

❶ シート上にピボットグラフが追
　加される

　「100%積み上げ横棒グラフ」のほうが、構成比がわかりやすくなります。なお、もっと重要な使い方がありますが、それは第7章にて学習します。

このようにグラフ化するとわかりやすさは増します。ただし、集計するたびに毎回グラフを描いていては、手間がかかります。そこで実際には、ピボットテーブルを使い、いろいろな変数で表を試行錯誤して作成し、「伝えたい結果」が見つかったら、それをグラフ化するほうが効果的です。

分析結果は、自分が検討するためのものと、人に伝えるためのものがあり、後者はわかりやすさが重視されますが、前者は試行錯誤しやすい方法が重視されます。

グラフの誤用・悪用に注意

構成比をグラフにする際、円グラフを用いることもありますが、最近ではあまり推奨されません。できれば100%積み上げ横棒グラフをおすすめします。

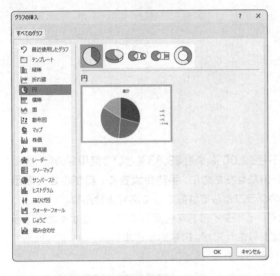

ここで円グラフがあまりおすすめできないいくつかの理由について説明しながら、より適切なグラフとは何なのかを確認しておきましょう。

■円グラフは、比率の差が大きく見える

次のグラフを見てください、A社29.33%とC社32.33%は3ポイント差ですが、先ほどの帯グラフよりも差が大きく感じないでしょうか？　円グラフはその割合を中心の角度で割り振るため、**面積の差が大きくなる**傾向があります。そのため、差を強調して伝えるアピール力は高いのですが、客観的な傾向を把握する目的だと、必ずしも適切とはいえません。

他の人が作った円グラフを見る機会もよくあると思いますが、その場合は見た目の印象だけで判断せず、ちゃんと構成比の値も確認するようにしましょう。

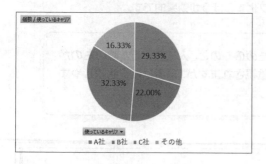

■3D円グラフは恣意的すぎる

円グラフに奥行きを持たせた3D円グラフというものもあります。見た目が華やかなこともあり、特にニュースなどのメディアでよく見かけますね。

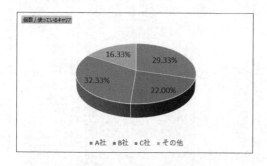

さて、このグラフに何か違和感はないでしょうか。B社22.00%、A社29.33%という結果なのに、奥にあるA社のほうが少なく見えると思います。奥行きを持たせたために、**手前が大きく、奥が小さく表示される**からです。これでは客観的な情報を得るためのグラフとしては好ましくありませんね。

3D円グラフは、客観的な情報を伝えるためではなく、イイタイコトを強調してアピールするときに多用されます。もちろん数値はあっているのでウソではありませんが、恣意的すぎます。

皆さんは基本的に使わないようにすると同時に、他人が使っている場合には、惑わされないようにしてください。

LET'S TRY

演 | 習

ピボットテーブルとピボットグラフを使って、様々なデータ、そしてその中の様々な変数で集計をしてみましょう。そして、どんなファインディングが得られるかを考えて、レポートしてみましょう。

ストーリーを考えて データを分析しよう

たくさん集計してみました。すごいでしょ？

 頑張ったのはわかりますが、それで何がわかったんですか？

えーと、なんでしょう……？

So what(だから何？)の視点を持とう

データ分析で最も重要なポイントは、分析結果が「何の役に立つか」などを意識して分析を進めるということです。具体例で考えてみましょう。

先ほどの携帯キャリアの利用割合がわかったとして、「だから何？」という気はしないでしょうか。もちろん、「どのキャリアが人気かがわかったんだからいいのではないか」という意見もあるでしょうが、やはり「だから何？」という感じは少なからずすると思います。

ビジネスでは、しばしば「**So what(だから何？)**」という考え方が必要といわれます。自分が「わかった」と感じたことを、正しく他人に伝えるために、人にそれを伝える前に自分自身で「この結果、だから何？」と考えるということです。

COLUMN ✍

So what分析を身に付けよう

データ分析に限らず、何かアイデアを考えたり、戦略、戦術を考えたりする場合にも、So whatという視点は役に立ちます。

自分が考えたアイデアなどが、何の役に立つのかを考えないと、そのアイデアは単なる思いつきで、誰の役にも立たないことになりかねません。

データ分析をまとめたレポートや論文などの資料を「この結果は、どんな役に立っているのか」という視点で読むと、So whatの視点を身につける練習になります。そのほかにも、データ分析ではなく、すでにある商品やサービスの工夫が、どんな役に立つことを想定しているのかを考えるのも、いい練習です。例えば、パソコンのキーボードのキーがABC順ではなくQWERTYの順なのはなぜか、と考えてみるという具合です。「QWERTY　理由」などと検索するとその理由が見つかります。昔は重要だったのに、今となってはあまり意味がなくなっていることがわかります。

ストーリーを作りながらデータを眺めよう

　それでは、先ほどの結果に何を付け加えると、「なるほど」と感じるでしょうか。例えば、「男女で使っているキャリアが違うのではないか」と考えて、分析を進めれば、先ほどより得られる知見が増えている気がすると思います（まだまだ「だから何？」という気はしますが）。

　このようにデータ分析は、得られた結果をどう発展させるべきかを考える力も必要となります。いわばストーリー構築力です。いい換えれば、「ファクト」から「ファインディング」を導くための視点が必要だということです。それでは、2つの視点を事例で学習しましょう。

データに「原因と結果の関係」がある？：データを深読みする視点①

　あらためて先ほどの携帯電話のアンケートデータの変数を確認してみましょう。

	A	B	C	D	E	F	G	H	I
1	No.	使っているキャリア	満足度	性別	機種変意向				
2	1	B社	10	男性	意向あり				
3	2	C社	5	男性	意向あり				
4	3	C社	7	女性	意向なし				
5	4	A社	9	女性	意向なし				
6	5	B社	3	女性	意向なし				
7	6	その他	5	男性	意向あり				
8	7	A社	9	女性	意向あり				
9	8	C社	7	男性	意向あり				
10	9	C社	10	女性	意向あり				
11	10	A社	7	女性	意向あり				
12	11	B社	10	男性	意向あり				

　このデータには、4つの変数があります（一番左のNo.はただの連番なので除く）。さて、これらの変数を見たときに、レベル感が異なるように見えないでしょうか？　それを確認するために、このうち2つの変数を組み合わせてみたいと思います。

　例えば「使っているキャリア」と「機種変意向」に着目してみます。この2つの関係は、以下の2つのうちどちらの関係だと考えるほうが自然でしょうか。

A：使っているキャリアが異なると、機種変意向が異なる

A社のユーザーは
機種変意向が高いなど

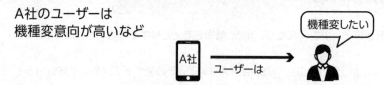

B：機種変意向が異なると、使っているキャリアが異なる

機種変意向が高くなると、
A社を使っているなど

両方ともあり得る関係ですが、Aのほうが自然だと感じると思います。それは、「使っているキャリア」が原因で「機種変意向」が結果という**因果関係**が感じられるからです。

このように、変数は、**結果系変数**となりそうなものと、**原因系変数**になりそうなものというようにレベル感が異なるものが混在するというのは知っておいてください。

このような因果関係を「仮説」というのですが、このあたりの詳しい学習は、第7章で行います。ここでは、So whatという視点を考える1つのヒントとして、2つの変数の組み合わせを考えるということを覚えておきましょう。

足りない変数を想像しよう：データを深読みする視点②

先ほどは、データに含まれる変数の組み合わせから、ヒントを得るということを学習しましたが、その先には「こんな変数があれば組み合わせられたのに」という、足りない（あったらよかった）変数を考えることでヒントを得るという方法があります。

例えば、「動画配信をよく使うか否か」を聞いておけば、動画配信をよく使う人がどのキャリアを使っているかがわかります。

ストーリーとしてデータを眺めることで、足りない変数がわかる、さらに**明らかにすべき分析結果が想像できる**ということです。これを料理に例えると「レシピを描く」に相当します。「どんなデータ（素材）をどう分析（調理）し、どんな結果（料理）を作るのか」。こう考えることで、データ分析力が高まります。それに、このストーリー構築の練習は、パソコンがない場所でも紙とペンさえあれば（場合によっては頭の中で考えるだけでも）行えます。極端にいえば、データがなくても練習できます。料理のように、レシピを思い描く練習も積極的に行いましょう。

その際、最も重要なのは、**分析結果を使う人が誰なのか**を想定することです。料理も一緒で、最後にその料理を誰が食べるかによって、作る料理が変わるはずです。したがって、分析でも、誰にとって役に立つファクトとファインディングを提供するのかを考えることが不可欠です。もちろん、分析結果を使うのが自分自身ということもあります。これも料理における自炊と同じです。

LET'S TRY
演 習

ここまで扱ってきたデータ（自分で集めたものも含む）を、再度So whatの視点で検討してみましょう。そして、どんな変数があったらよかったか（追加で取得すべきか）まとめてみましょう。

01 質的データを比較する

度数とか比率とかの要約はできたけど、やはり「だから何？」になっちゃいます……。

それでは、仮説視点から分析して、その結果を検討してみましょう。そうすれば、「だから何？」を超えられるかも。

「クロス集計」でデータを比較しよう

　第6章までで質的変数の要約の方法を学習しましたが、それだけでは「だから何？」という感じで面白みがないとも感じたと思います。データ分析の面白み、有用性は変数を組み合わせて、データを見ただけでは気が付かなかった傾向やパターンを明らかにできることにあります。そこでまず覚えるべきは**「比較」**という分析方法です。

　それでは、ここまで使ってきた携帯電話のアンケートデータをもとに比較分析をしてみましょう。比較分析の1つとして**「クロス集計」**という手法を用います。クロス集計表はピボットテーブルを使うと簡単に作成することができます。

　以下の図は、第6章で学習した「使っているキャリア」の度数を使ったピボットテーブルの画面です。まずここまで作成してみましょう。もしやり方がわからない場合には、第6章のP.71を復習してください。

　画面右下の「行」の部分に、比較したい基準となる変数を追加してみます。

1 クロス集計表の作成

❶《列》と《値》に《使っているキャリア》を追加

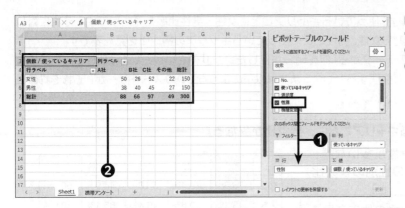

このように2つの基準（行に「性別」、列に「使っているキャリア」）を組み合わせて集計した表を**「クロス集計表」**と呼びます。

この結果を見ると、女性、男性ともに150人ずつのデータがあり、女性ではC社が1番人気、男性でもC社が1番人気であることがわかります。ただしもう少しよく見ると、男性のほうが、A社、B社、C社にあまり差がないようにも見えます。

今回は、男性、女性ともに150件と同数のデータなので、比較しやすいですが、やはり売り分けを比較するには、構成比（%）のほうが、わかりやすいと感じるはずです。そこで第6章で学習した構成比を計算してみます（P.73参照）。以下、2つの集計を作成しました。どちらの集計表が適切だと感じるでしょうか。

3 構成比に変更

❶ ピボットテーブルの数値のセルを右クリック
❷《計算の種類》→《列集計に対する比率》か《行集計に対する比率》を選択

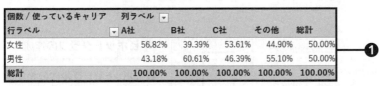

個数 / 使っているキャリア	列ラベル				
行ラベル	A社	B社	C社	その他	総計
女性	56.82%	39.39%	53.61%	44.90%	50.00%
男性	43.18%	60.61%	46.39%	55.10%	50.00%
総計	100.00%	100.00%	100.00%	100.00%	100.00%

❶

4 2種類の構成比

❶《列集計に対する比率》を選択した場合
❷《行集計に対する比率》を選択した場合

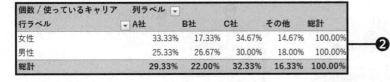

個数 / 使っているキャリア	列ラベル				
行ラベル	A社	B社	C社	その他	総計
女性	33.33%	17.33%	34.67%	14.67%	100.00%
男性	25.33%	26.67%	30.00%	18.00%	100.00%
総計	29.33%	22.00%	32.33%	16.33%	100.00%

❷

第**7**章 データを比較して仮説を考えよう

83

上段は「列集計に対する比率」で使っているキャリアごとに女性・男性比率を見た表です。それに対して下段は「行集計に対する比率」で女性、男性ごとに使っているキャリアの構成比を見た表です。

この2つの使い分けは、このデータから「何を明らかにしたいか」「何をいいたいか」をもとに判断する必要があります。詳細は後ほど整理するとして、まずは以下のような2つのストーリーが、それぞれの表に対応することを理解してください。

イイタイコト：「使っているキャリアごとに、男女比が異なる」

例）A社のユーザーは、女性が多いなど
→ 下段の表（キャリアごとの性別の構成比）

A社の中の比率を見る

	A社	B社	C社	その他	総計
女性	56.8%	39.4%	53.6%	44.9%	50.0%
男性	43.2%	60.6%	46.4%	55.1%	50.0%
総計	100.0%	100.0%	100.0%	100.0%	100.0%

イイタイコト：「性別が異なると、使っているキャリアが異なる」

例）女性のほうがC社の利用が多いなど
→ 上段の表（性別の中でのキャリアの構成比）

女性の中の比率を見る

	A社	B社	C社	その他	総計
女性	33.3%	17.3%	34.7%	14.7%	100.0%
男性	25.3%	26.7%	30.0%	18.0%	100.0%
総計	29.3%	22.0%	32.3%	16.3%	100.0%

※小数第2位で四捨五入し、小数第1位まで表示

第6章の最後で確認したとおり、データ分析にはストーリーが必要で、イイタイコトによって、分析方法が異なるということが理解できると思います。

ピボットグラフで比較しよう

クロス集計の結果をもっとわかりやすくするために、ピボットグラフで、グラフ化してみましょう。「行集計に対する比率」のピボットテーブルをもとにして、100%積み上げ横棒グラフ（P.76参照）を作成します。

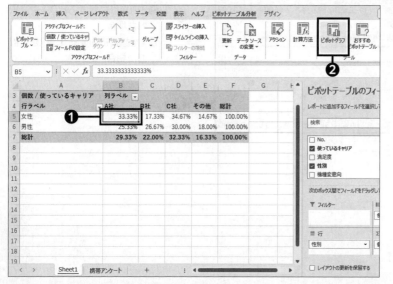

1 ピボットグラフの作成

❶ ピボットテーブル内のセルを選択
❷《ピボットテーブル分析》タブの《ピボットグラフ》をクリック

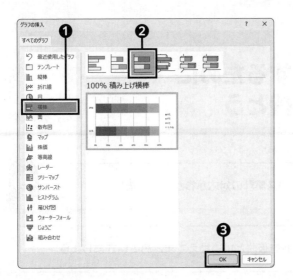

2 グラフ種類の選択

❶《横棒》を選択
❷《100%積み上げ横棒》を選択
❸《OK》をクリック

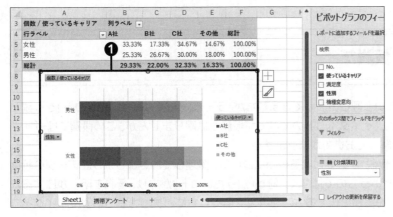

3 横棒グラフの完成

❶シート上にピボットグラフが追加される

こちらのほうが、クロス集計表よりも差がわかりやすいでしょう。

LET'S TRY

演 習

様々な質的変数の組み合わせでクロス集計表と100%積み上げ横棒グラフを作ってみましょう。そして、「行と列に何を入れるか」と「イイタイコト(ストーリー)」を対応付け、グラフを読み取り、レポートしてみましょう。

※この段階では、ピボットテーブルで用いる2つの変数は「質的変数(選択肢)」を利用してください。

プレゼンするために
「仮説」を持とう

イイタイコトとクロス集計の対応がわかってきました。

次は、イイタイコトを仮説といい換えてまとめていきましょう。

イイタイコトとは仮説だ

　ここまでは「イイタイコト」という呼び方をしてきましたが、データ分析では、「イイタイコト」を仮説と呼ぶことがあります。もちろん、イイタイコトのすべてが仮説とは限りませんが、この段階では、「イイタイコト」≒「仮説」とラフに理解しておいてかまいません。

　それではなぜデータ分析で「仮説」が必要となるのかについて、整理しておきましょう。データ分析は「データがあるから分析する」というものではなく、何か「知りたいコト」があり、それを明らかにするために分析します。そして、それを誰かに伝える方法を考えていくうちに、「知りたいコト」が「イイタイコト」になっていくわけです。

　そしてこの「イイタイコト」を事前に決めておかないと、すでに指摘した「だから何？（So what）」という反応になります。また、分析する側にとっても、たくさんある変数をむやみやたらに組み合わせて分析していたらきりがないので、分析前に、**イイタイコトを「仮説」として設定する**ことが必要になってきます。

仮説には、「原因と結果」が必要だ

　さて、イイタイコト≒仮説だとして、データで検証する仮説はどうやって作ればいいでしょうか。実は、データで検証する仮説には、「型」があります。それを学習する前に、以下のそれぞれの文は仮説といえるかを考えてみてから、先に進んでください。

①（携帯キャリアは）
　C社が人気だ

②男性には、
　C社が人気だ

③女性に比べて男性には、
　C社が人気だ

それぞれデータを集計してみないと、本当かどうかわからないので、「仮」の予想ではあるものの、通常、「①(携帯キャリアは)C社が人気だ」は仮説とは呼びません。それは、単なる予想だからです。

やや難しいですが、データ分析における仮説には「原因と結果」が含まれる必要があります。

それでは②と③はどうでしょうか。以下のように、性別が使っているキャリアに影響しているという「関係」を想定していることがわかります。

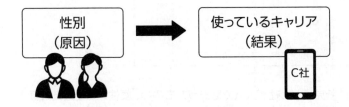

そして、この関係(性別が使っているキャリアの傾向に影響している)というのは、確認しないと本当かわからないので「仮の説」→「仮説」と呼ばれることになります。

それでは、「②男性には、C社が人気だ」と「③女性に比べて男性には、C社が人気だ」の違いはどこにあるでしょうか。これを考えるには、すでに作成したクロス集計表を対応付けると違いがわかり、どちらがよりよい仮説かが理解できるはずです。

仮説と結果をセットにしてまとめよう

「②男性には、C社が人気だ」という仮説を設定し、それを検証するためのグラフを見てみましょう。

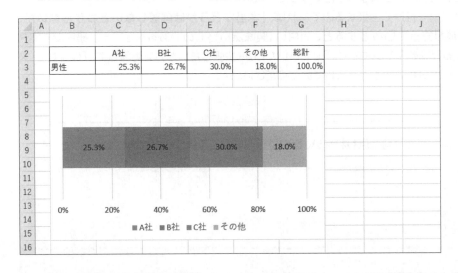

この結果を見ると、確かに男性のデータでは、C社が人気だということがわかります。ただし、わざわざ「男性」と断っているということは、何かに対して「男性は」ということを想定しているはずです。ここでは「女性に対して男性は」と考えるのが自然でしょう。

それでは、もう1つの仮説「③女性に比べて男性には、C社が人気だ」のグラフを見てみましょう。

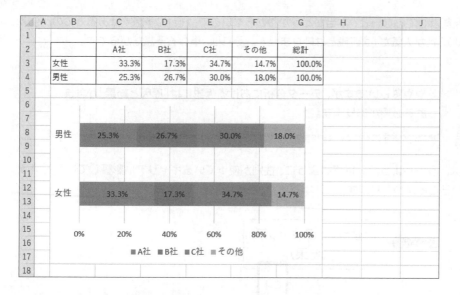

	A社	B社	C社	その他	総計
女性	33.3%	17.3%	34.7%	14.7%	100.0%
男性	25.3%	26.7%	30.0%	18.0%	100.0%

この結果を見ると、確かに男性の中だけで見るとC社が人気ではあったものの、女性のC社人気のほうが高いので、男性はC社が人気とまではいえなさそうだとわかります。

ここまでの話で、データ分析には、先にストーリー（仮説）が必要で、それによってするべき分析が異なるということがわかると思います。そして、**仮説の本質は「比較」**で、比較対象（この場合は「女性」）があってこそ、よい仮説になることがわかると思います。

わざわざ「仮」と名乗るわけ

最後に、もう1つ「仮説」について注意点を挙げておきます。イイタイコトを仮説として設定しても、その仮説が、それを伝えた相手にとって「当たり前じゃないか」といわれるものだと、わざわざデータ分析を駆使して主張するほどのものではないことになってしまいます。

つまり、わざわざ「仮」を付けて主張するのであれば、**「本当かどうかは確認しないとわからないが、その関係（仮説）が成り立っているとすると、面白い（興味深い）」**ものであるべきです。研究でも実務でも、当たり前すぎる仮説を立てがちです。「何をいいたいか（主張したいか）」を意識して、「仮説立て（ストーリー作り）」とデータ分析をするようにしてみてください。

当たり前と思われない、面白い仮説を立てるよう心掛けましょう。

LET'S TRY

演 習

原因と結果が含まれる仮説を立てて、人に伝えてみましょう。「面白そう」「役に立ちそう」という反応が得られる仮説とはどんなものなのか考えて、議論してみましょう。

分析結果を解釈して「ファインディング」を伝えよう

仮説はグラフで検証できるんですね。

仮説を検証するには、背景知識も必要ですよ。

差の大小を評価しよう

仮説の検証には、クロス集計表や100%積み上げ横棒グラフの利用が有効ということを学習しましたが、これらの結果を読み解くにはどうすればよいでしょうか。再度、男女の比較を見てみましょう。

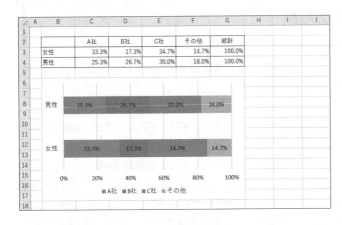

	A社	B社	C社	その他	総計
女性	33.3%	17.3%	34.7%	14.7%	100.0%
男性	25.3%	26.7%	30.0%	18.0%	100.0%

データ分析的には、1ポイントでも差があれば、差があるということになります。したがって、この結果をもとにすれば、A社、B社、C社のすべてで、男女に差があるということになります。ただし、これは数字上「差がある」といっているだけで、**意味のある差かどうかは別の話**です。

例えばC社の経営陣が、「男性よりも女性の利用者を倍近くまで増やしたい（利用比率を倍近く高くしたい）」という目標を持って、女性顧客獲得に注力したキャンペーンを続けてきたとします。その視点でこの結果を眺めたら、「4.7ポイントしか差がないではないか」と見えるはずです。逆に「C社は男性に人気のはずだ」と思ってこの結果を見たら、差が小さくても「女性に人気なのか」と見えるはずです。

結果の解釈には、その結果を読み取るための背景知識が必要になります。

背景知識と事前ヒアリング・文献レビュー

　データによって得られた結果が、大きいのか小さいのか、差があるといえるのか否か、を判断するために最も重要なのは、**「参照基準」**を持つことです。参照基準とは、自分の中にある「これくらいが妥当だろうな」という値です。「ある値ぐらいが予想される」という感覚を持っているからこそ、データを解釈し、ファクトからファインディングを見つけることができるのです。

　参照基準に関する1つ有名な話をご紹介しましょう。イトーヨーカドーの鈴木敏文元会長は、**「夏の日の25℃は寒くておでんが売れ、冬の日の25℃は暑くて半袖が売れる」**と語っています。同じ数値であっても、文脈が異なれば解釈が異なるという有名な例です（出典：勝見明『鈴木敏文の統計心理学』プレジデント社）。

　さて、このように背景知識が必要なことはわかりますが、すべてのデータの背景について十分な知識を持っているとは限りません。その場合はどうすればよいでしょうか。その知識不足を補うのが、**ヒアリングであり、文献レビュー**です。

　もしデータ分析の結果を使うのが自分でない場合には、その相手に事前にヒアリングして、何がわかれば有益な分析結果なのか、どれくらいの傾向が出れば発見といえるのか聞いておくということです。もしくは、ヒアリングできないのであれば、先行研究などを集め読み「相場観」を身に付けてもいいでしょう。いずれにしろ、データを読み解くには、単にExcelが使えるといったスキルがあるだけでは不十分なのです。

事前予測の必要性と仮説への反映

　さて、背景知識が重要なことは確認しましたが、データ分析を実際にする際に、ぜひ心掛けたい点をもう1つ覚えておきましょう。それは、**事前の予測をメモしておく**ことです。

　データは不思議な力があります。結果を見るとあたかもそれが、事前に予測していた結果に感じられてしまうというものです。したがって、いろいろな分析をしていくうちに、どれが予想外な結果で面白いといえるのかを見逃してしまうことが少なくありません。

　自分の予測と結果にずれがあるときこそ、「なぜ予想が外れたのか、想定と異なる結果なのか」と立ち止まってヒントを探すことができます。したがって、分析する前にメモでかまわないので、どれくらいの値になるかを記しておくことをおすすめします。先ほどの例でいえば、「男性でのC社の利用割合は、20％ぐらいを予想」といった具合です。そして仮説の場合には、**その差を想像し、仮説に反映しておく**こともおすすめです。「男性は女性に対して、C社の利用割合が5ポイントぐらいの差があるはずだ」という感じです。

　分析結果に引っ張られ、本来感じられるはずの**「事前想定とのずれ」**を見逃さないように心掛けると、データから面白い結果を得られるチャンスが広がっていきます。

LET'S TRY
演 習

データがそろっていなくてもかまいませんので、何か仮説を立て、その結果が大体どれぐらいの値になるかを予想してみましょう。それを他者の予想と比較して、予想が人によって異なるか、あまり異ならないかということを確認しながら、データで検証すべきテーマか否かを議論してみましょう。

データによる仮説の検証に突っ込みを入れてみよう

先日、ある人の仮説についての分析結果の発表を見ましたが、仮説が成り立つっていい切って大丈夫かなって、思いました。

いい視点ですね。データによる仮説主張に突っ込みを入れてみましょう。

データの数の影響を考える

以下のグラフは、各社について「満足」と回答した人と「不満」と回答した人の割合をまとめたものです。このグラフから「A社が満足度No.1」というアピールがなされたとします。もちろん、この主張は間違いとはいい切れませんが、突っ込みを入れようと思えば、いろいろと突っ込める主張です。

どんな指摘ができるか考えてみましょう。

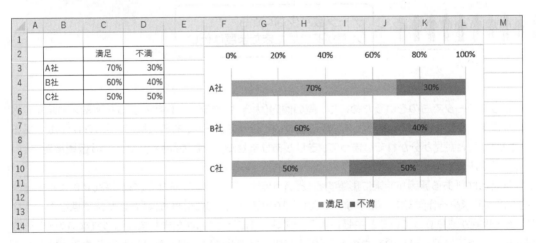

まず、全体度数が書かれていないので、どれくらい結果が「安定」しているかわからないということです。極端な例を挙げると、もしこのグラフを作るためのデータが、各社10人ずつのデータをまとめたものだとしたら、どうでしょうか？ 結果が「たまたまではないのか」と感じると思います。その程度の人数だと、今回データを取得したA社のユーザー10人のうち、1人を入れ替えた（他の人に聞いた）ら、満足と解答する人が7人から6人に変わることも十分にあり得るからです。そうしたら、B社と変わらない結果になってしまいます。

したがって、少なくても、データ数をしっかり示しながら主張をして「たまたまではなく、十分信用できる」という評価をしてもらう必要があるわけです。

その先の分析：「仮説検定」へ

　さて、今の話で1つ質問します。この調査を何件のデータを対象にして実施したら、皆さんは「それはたまたまではない」と感じるでしょうか。

サンプル数はどれくらいあったら信用できると感じますか？

　人によっては、それぞれ50件というかもしれませんし、100件というかもしれません。もしくは、1000件は必要だという人もいるかもしれません。これは受け手側の主観ですので、いくつでもかまいませんが、データ件数が増えるほど「たまたま度」は低くなるというのは、感覚的に理解できると思います。

　もう1つ、この「たまたま度」を考える際に、多少サンプル数（データ数）が少なくても、例えば「A社の満足は90％、B社の満足は10％」と大きな差が出ていれば、「たまたまではなく、A社の満足度のほうが高いのではないか」と感じるはずです。

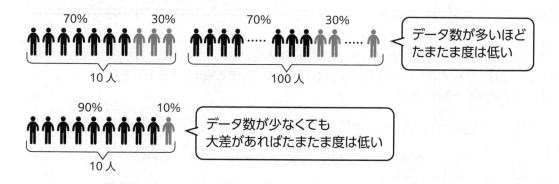

70%　　　　30%　　　　70%　　　　30%
10人　　　　　　　　　　　　100人

データ数が多いほど
たまたま度は低い

90%　　10%
10人

データ数が少なくても
大差があればたまたま度は低い

　このようにデータでものをいうためには、差の傾向（大きさ）やデータ件数といった要素を加味する必要があります。ただし、これらの評価を主観に基づいて行っていたら、ある人は「差がある」といい、ある人は「差がない」と意見が分かれてしまって、きりがありません。そこで開発されたのが**「仮説検定」**といわれる統計手法です。

　仮説検定とは、「ある原因が結果に影響する」という仮説が、集めたデータでどれくらい「たまたま起きるか」を確率で求める作業です。確率なので0から1の値をとり、0に近ければ「たまたまではなさそうなので、その仮説が成り立っていると主張しよう」となり、1に近ければ「たまたまかもしれないので、その仮説が成り立っているというのをやめよう（仮説が成り立つとはいい切れない）」と判断するというものです。主観ではない判断をする手法があるということだけでかまいませんので、ぜひ「仮説検定」という言葉は知っておいてください。

ちなみに、この確率のことを「有意確率(p値)」というのですが、意味のある確率ではなく、どれくらいたまたまなのかを評価する指標です。いくつかの仮説検定手法は、Excelでもできるので、興味がある人は、ぜひ調べてみてください。

データで「影響がない」ことは証明できない

最後にちょっと難しいですが、重要なことを学習します。データで検証できる仮説とは何かという点です。

先ほどデータで検証する仮説には「原因と結果」とが含まれるということは学習しました。それを踏まえ、データで検証できる仮説は以下の形になることを理解しましょう。

例）性別は、使っているキャリアの違いに影響する

つまり、「影響している」という仮説である必要があります。実は、データでは**「影響していない」ことを検証することはできません**。「ないことの証明」は論理的にできないためです。

「宇宙人がいないこと」は証明できますか？

データ分析とは違いますが、「宇宙人がいないこと」は証明できるかを考えると、ないことの証明ができないことをイメージできるでしょう。理屈をいくら立てて「物理的に生命体が何光年も遠くを生きている間に移動できない」と否定したとしても、「見た」という人がいる限り、完全に否定することができません（もちろん、ある人がウソをついていたということを証明することは可能かもしれませんが、それをすべてのケースで示すことはほぼ不可能です）。

話がそれましたが、データで検証できる仮説は「影響がある」というものだけだということを理解しておきましょう。しばしば、データ分析の結果を誤用して、「差がない」とか「影響がない」と主張してしまうミスが散見されますので、注意しましょう。

LET'S TRY

演 | 習

検索エンジンを使って、データで検証した仮説の事例を探してみましょう。例えば「仮説、データ、検証」などのキーワードと、自分の興味を持てるテーマのキーワードを組み合わせると、事例にたどり着けます。こういうケースをいくつか読みながら、データと仮説との関係を理解していきましょう。

平均値を活用しよう

> 先ほどの携帯アンケートに満足度がありますね。これはどうやって分析すればいいですか。

> 量的変数の要約を覚えましょう。まずは簡単な「平均値」から。ただし、誤用も多いから注意しましょう。

平均値とは何か

まずは、データを確認しておきます。以下のように携帯アンケートには、満足度のように四則演算（足し算、引き算、掛け算、割り算）ができる量的な変数があります。

	A	B	C	D	E	F	G	H	I	J
1	No.	使っている キャリア	満足度	性別	機種変意向					
2	1	B社	10	男性	意向あり					
3	2	C社	5	男性	意向あり					
4	3	C社	7	女性	意向なし					
5	4	A社	9	女性	意向なし					
6	5	B社	3	女性	意向なし					
298	297	A社	10	女性	意向あり					
299	298	B社	8	男性	意向あり					
300	299	その他	10	男性	意向なし					
301	300	C社	7	女性	意向あり					
302										

選択肢形式の質的変数と異なり、量的変数はとりうる値がたくさんあるので、頻度をカウントするだけでは要約しきれないことがあります。そのため、量的変数では、質的変数よりも様々な要約方法が提案されています。例えば、代表値やばらつきなどが要約指標として利用されています。その中で、おそらく最もなじみがあるのは、「**平均値**」ではないでしょうか。

では、平均値について確認しておきましょう。平均値は、「**データの合計÷データの個数**」という式で求めます。なお、この式はシンプルですが、データ分析でこのように式が出てきたら、それを文章にして理解する癖をつけるのがおすすめです。「**合計の値をデータの個数で割ったものが平均値だ**」という具合です。この癖を付けておくと、複雑な式が出てきたときに、何をしている式なのかが理解しやすくなります。

平均値を計算しよう：関数の活用

　先ほど式で見たとおり、平均値を計算するには、合計をデータの個数で割るわけですが、これを電卓のように1つずつ合計していっては大変です。また、計算ミスをしてしまうリスクが高まります。そこで、Excelに実装されている平均値を直接計算できる**「関数」**という機能を利用しましょう。

　「関数」と聞くと、数学の講義で出てきた「y=f(x)」などを思い出す人もいるかもしれませんが、Excelではもっと単純です。Excelの関数とは「Function：機能」のことで、何かを処理するためのコマンド（命令文）だと思ってしまえば大丈夫です。

　それでは、実際に使ってみましょう。以下の図のように、携帯アンケートデータの一番下の行に移動して、そこに「平均」という行を追加し、**AVERAGE関数**を入力してみましょう（データ数が多い場合には、先頭行に追加するのもおすすめです）。

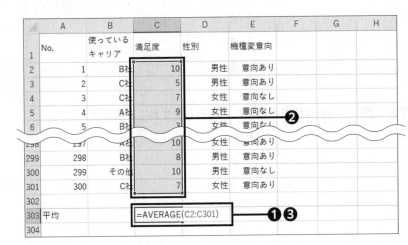

1 AVERAGE関数の入力

❶「=AVERAGE(」と入力
❷ 対象とする範囲をドラッグして選択（または「C2：C301」と入力）
❸「）」を入力してEnterキーを押す

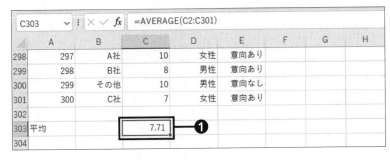

2 平均値の計算

❶ 指定した範囲の平均値が表示される

=AVERAGE（C2：C301）

　すると、瞬時に「7.71」といった平均値が計算されます。さて、この10点満点で満足度が平均7.71という値をどう感じるでしょうか。第7章で学習したとおり、この「300人での平均値が7.71」というファクトに対して、それを「高い」もしくは「低い」と判断するには、背景知識に基づいた解釈が必要になるのはいうまでもありません。

　平均値自体は簡単に求められますが、それをどう使うかを考えないと、単に計算ができるだけになってしまうので注意してください。

平均値だけでも武器になる!?

平均値の活用の仕方について、1つの事例をとり上げて勉強してみましょう。ビジネスの分野では、**顧客満足度(CS)調査データ**を活用することがありますが、単純に平均値を組み合わせるだけでも、十分役に立つということを確認していきます。

今回扱うデータ例は、あるスーパーマーケットで集めた顧客満足度データで、以下4つの基準について、それぞれの満足度と重要度を測定した8個の変数を50件集めたデータです。

満足度の項目：以下の項目についてどれくらい満足していますか：5点満点

Q1. 生鮮食品の品揃え　　（　　　　　　　　　　　　　　）点

Q2. 生鮮食品の品質　　　（　　　　　　　　　　　　　　）点

Q3. お総菜の品揃え　　　（　　　　　　　　　　　　　　）点

Q4. お総菜の品質　　　　（　　　　　　　　　　　　　　）点

重要度の項目：スーパーを選ぶ際に以下の項目をどれくらい重視しますか：5点満点

Q5. 生鮮食品の品揃え　　（　　　　　　　　　　　　　　）点

Q6. 生鮮食品の品質　　　（　　　　　　　　　　　　　　）点

Q7. お総菜の品揃え　　　（　　　　　　　　　　　　　　）点

Q8. お総菜の品質　　　　（　　　　　　　　　　　　　　）点

以下のようにデータに先頭行を追加して、AVERAGE関数を使って8変数の平均値を計算します。

	A	B	C	D	E	F	G	H	I	J	K	L
1	平均	4.62	3.48	4	3.98	4.54	4.38	3.92	4.76			
2	sampleID	満足：生鮮食品の品揃え	満足：生鮮食品の品質	満足：お総菜の品揃え	満足：お総菜の品質	重要：生鮮食品の品揃え	重要：生鮮食品の品質	重要：お総菜の品揃え	重要：お総菜の品質			
3	1	4	3	4	4	4	5	4	4			
4	2	5	4	4	4	4	5	4	5			
5	3	5	4	5	4	3	5	5	5			
6	4	5	3	4	3	5	4	4	5			
7	5	5	3	5	5	3	5	5	5			
8	6	5	3	4	4	5	5	4	5			
9	7	5	3	4	4	4	5	5	5			
49	47	5	4	4	3	5	5	4	5			
50	48	5	4	4	4	5	5	4	5			
51	49	4	3	4	4	4	5	4	4			
52	50	5	4	3	4	5	4	4	5			
53												

これらの平均値から以下のような表と散布図（散布図の書き方については第11章で学習します）を作成してみました。この結果から何がわかるでしょうか。

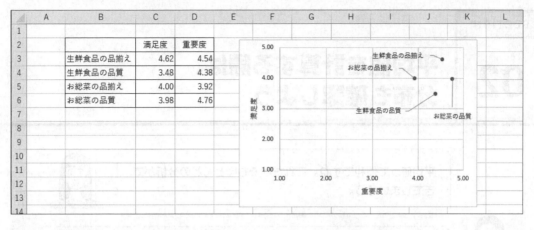

横軸に「重要度」、縦軸に「満足度」を用いて、それぞれの平均値をプロットした散布図です。これを**CSポートフォリオ**といい、顧客満足度データで多用される分析手法です。使った統計指標は「平均値」だけですが、使い勝手のいい分析です。

解釈例を考えてみましょう。例えば、この図の右側にある項目は顧客が重要と考えている項目だということになりますし、上部にあるものは満足度が高いということになるはずです。したがって、右上は重要かつ満足度が高い項目＝このお店の強みとなっている可能性が高い項目、もしくは右下はお客様にとって重要なのに満足度が低い項目＝改善すべき項目といったように解釈し、ファインディングとして活用できそうです。

このように平均値1つでも、使い方によっては強力な武器として活用できます。ただし、強力な武器であればあるほど、使い方を誤ると問題が生じてしまいます。そこで、次のSECTIONでは「平均値」の特徴を再確認しながら、誤用のケースと適確に活かせているケースなどを学んでいきましょう。

LET'S TRY

演 習

サンプルデータや各自が集めたデータを使い、AVERAGE関数で平均値を計算してみましょう。なお、計算する前にどれくらいの平均値になりそうかを予想してから計算し、その予想と結果を比較して結果の解釈に役立ててください。

COLUMN

関数リストを活用しよう

今回は、平均値を計算するAVERAGE関数を紹介しました。Excelにはそれ以外にもたくさんの関数があります。《数式》タブの《関数の挿入》をクリックすると、最近使った関数などをマウス操作で簡単に挿入できます。関数の名前を忘れてしまったときに役立つ機能です。

平均値を計算する際は、分布も確認しよう

平均値って便利ですね。これだけでもほとんどの分析ができてしまいそう。

平均値は便利ですが、捨てられる情報もありますから、注意が必要ですよ。

平均値で捨てられる情報は何か

「平均」とは文字どおり、「平らに均す（ならす）」ことですので、もとのデータのでこぼこ（値の違い）を取り除いてしまいます。したがって、わかりやすくはなるものの、もとのデータのばらつきという情報が捨てられてしまうというデメリットがあります。その問題点を確認するために、以下の例を考えてみましょう。

ある携帯端末の新商品候補AとBがあったとします。発売前に評価5点満点でアンケートを集めたところ、平均点はどちらも3点でした。この結果はどのように解釈できるでしょうか？

平均点3ということは5点満点の真ん中ですから、どちらの案も可もなく不可もなくという感じがします。それでは、もとのデータのばらつきを表した棒グラフの結果を合わせて検討したら、どのように解釈が変わるでしょうか。

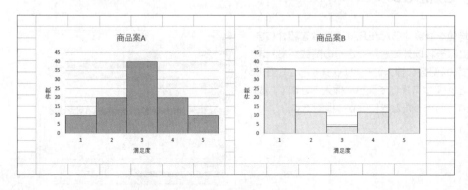

両方とも平均値は同じく3点ではあるものの、評価がまったく違うことがわかります。もし皆さんなら、どちらを新商品として採用するという意思決定をするでしょうか。考えてから読み進めてみてください。答えはどちらでもかまいません。ただし、理由が必要です。

それでは、解釈例を挙げてみましょう。

商品案Aがよいと思った人は、「平均値は3とやや低いが、好み（満足度）の意見が割れていないから、もう少し改良すれば、万人向けの商品となり得る」と考えたかもしれません。それに対して、商品案Bがよいと思った人は、「不満という人も多いが、同じく満足という人も多いので、万人向けではないが一定数のファンを獲得できる商品となり得る」と考えたかもしれません。

いずれにせよ、平均値が同じでもばらつきが異なるという点が重要です。

平均値だけでは、データのばらつきから得られる情報を見逃してしまうという点に注意してください。

平均値よりも割合がいい場合

さて、今回の例で、商品案Bのほうがよいと考えた人がデータをもとにアピールするとしたら、どんなまとめ方がよいでしょうか。平均値を使っていては、「一定数のファン（満足度が高い人）」がいることはアピールできません。そこで、平均ではなく、点数ごとに区切ってそれを選んだ人の数をカウントした度数を求めてみましょう。

Excelでの計算の仕方は、後で見ることにして、まずは結果の確認です。

	商品案A	商品案B
1	10	36
2	20	12
3	40	4
4	20	12
5	10	36
5点の人の割合	10%	36%
4点以上の人の割合	30%	48%

平均値が同じでも、高評価にしている人の割合が異なる

平均値だけではなく、頻度と構成比の活用も視野に入れましょう（第6章を参照）。

IF関数で変数を変換しよう

さて、度数をカウントした表はピボットテーブルなどでも作れますが、よりExcelを使いこなすために関数を使った方法についても学習しておきましょう。関数が苦手という人は、第6章で学習したピボットテーブルを復習して、表を作成してみてください。

ここでは2つの方法をご紹介します。1つは「IF関数」を使う方法、もう1つは「COUNTIF関数」を使う方法です。COUNTIF関数を使うほうが簡単ですが、まずはIF関数を使う方法を確認していきます。

IF関数は**条件によって返す値を変える**関数で、「=IF(対象とするセルと条件, 条件に当てはまるときの文字列, 当てはまらないときの文字列)」のように書きます。以下の図の説明を見てみてください。

1 IF関数の入力

❶ セル【D2】~【G2】に以下の数式を入力

セル【D2】

=IF(B2=5,"5点","4点以下")

セル【E2】

=IF(C2=5,"5点","4点以下")

セル【F2】

=IF(B2>=4,"4点以上","3点以下")

セル【G2】

=IF(C2>=4,"4点以上","3点以下")

2 数式のコピー

❶ セル範囲【D2:G2】を選択して、《ホーム》タブの《コピー》をクリック
❷ 以降のセル範囲を選択して、《ホーム》タブの《貼り付け》をクリック

セル【D2】に入力した関数は以下のとおりです。これは、IF(もし)セル【B2】の値が5だったら"5点"という文字列を、そうでなければ"4点以下"という文字列を表示しろという意味です。セル【E2】には同じ数式を、セル番地だけC2に変更して入力します。

=IF(B2=5,"5点","4点以下")

セル【F2】に入力した関数は以下のとおりです。もし、4点以上なら"4点以上"という文字列を、そうでなければ、"3点以下"という文字列を入れろという意味です。4点以上を判定するために「>=」という不等号記号を使っています。セル【G2】にも同じ数式を、セル番地だけC2に変更して入力します。

=IF(B2>=4,"4点以上","3点以下")

セル【D2】～【G2】を下にコピー&貼り付けすると、B列とC列の値に応じて「5点」「4点以下」「4点以上」「3点以下」と表示されます。これで点数という量的変数が、それぞれの値に応じた質的変数に変換できます。

これを使って、ピボットテーブルで度数表を作り、それぞれの構成比を求めれば、知りたい回答の該当割合が計算できます。

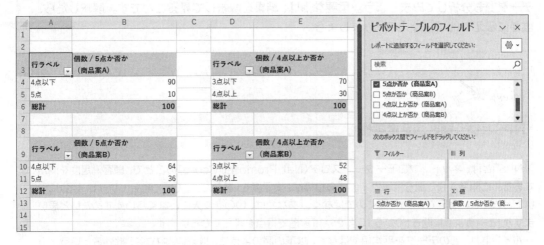

COUNTIF関数で度数表を作成しよう

もう1つは、COUNTIF関数を使ってダイレクトに度数表を作成するという方法です。COUNTIF関数は条件を満たす値の個数を数えてくれるもので、「=COUNTIF(対象とするセル範囲, カウントする条件)」と書きます。これも知っておくと便利な関数ですので、例題を見ながら、使い方をマスターしましょう。

	A	B	C	D	E	F	G	H
1	回答者	商品案A	商品案B			商品案A	商品案B	
2	1	4	5		5	=COUNTIF(B$2:B$101,$E2)		
3	2	3	1		4			
4	3	2	5		3			
5	4	2	1		2			
6	5	5	2		1			
7	6	4	5					

1 COUNTIF関数の入力

❶ セル【F2】に以下の数式を入力

=COUNTIF(B$2:B$101,$E2)

	A	B	C	D	E	F	G	H
1	回答者	商品案A	商品案B			商品案A	商品案B	
2	1	4	5		❶ 5	10	36	
3	2	3	1		4	20	12	
4	3	2	5		3	40	4	❷
5	4	2	1		2	20	12	
6	5	5	2		1	10	36	
7	6	4	5					

2 数式のコピー

❶ セル【F2】を選択して、《ホーム》タブの《コピー》をクリック
❷ セル範囲【F2:G6】を選択して、《ホーム》タブの《貼り付け》をクリック

上の図のように度数表を作成することができます。別配布のExcelのデータには、COUNTIF関数を使った度数表の例を載せていますので、それぞれのセルにどんな式が入るかを確認しましょう。

演 習

携帯電話のアンケートデータの満足度で、関数やピボットテーブルなどを使って、平均と度数分布、満足9点以上の割合を計算してみましょう。うまくいったら、各自の興味のあるデータでも分析してみましょう。重要な点は、結果を解釈して見ることです。解釈したら、誰かに伝えて(レポートして)みましょう。

COLUMN

NPSという顧客満足度評価

　NPS®とは、ネット・プロモーター・スコア(Net Promoter Score)のことで、顧客満足度を測定するために開発された調査指標です。この指標は、満足度を「あなたは、〇〇(商品・サービス名)についてどれくらい満足ですか」と聞くのではなく、「あなたは、〇〇を友人にどれくらいすすめたいと思いますか」というように聞き、0から10までの11段階で得点を答えてもらいます。

　ポイントは、このデータを平均値ではなく、以下の図のように、推奨者、中立者、批判者というようにまとめ、該当割合や、「推奨している人の割合から批判している人の割合」を計算して活用するという方法です。計算方法は、ここで学習した構成比の計算を使って簡単に計算できます。マーケティングの分野で多用されますので、ぜひ調べてみてください。

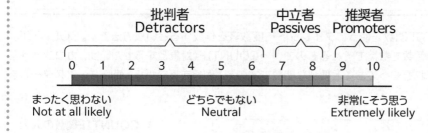

SECTION 03 度数分布とヒストグラムを活用しよう

> 棒グラフで分布を確認する方法はわかったのですが、うまくいかないデータがあるんです。棒の数が多すぎちゃって、ごちゃごちゃです。

> 値の候補がたくさんある場合には、値を区間で区切って分析するヒストグラムを使うと便利ですよ。

度数分布表とヒストグラムとは何か

　前のSECTIONまでは、量的変数（数値）といっても、10点満点や5点満点など値の範囲が狭いデータを分析してきました。ただし、量的データはもっと細かな区切りの値をとる連続量であることがほとんどです。その場合、データの散らばり方（分布）を見るために棒グラフを作っても、値の幅が広すぎて横軸の値をうまく設定できません。このような連続量の**データの分布を見る場合は、データ区間を区切り、その区間ごとに頻度をカウントして棒グラフ（ヒストグラム）を作る**といった分析手法が行われます。

　ここでは、1970年代後半のアメリカ・ボストンの住宅価格のデータを使って学習していきましょう。

※データの出典：「カーネギー・メロン大学のStatLibデータセットアーカイブ」内にあるboston.txt
http://lib.stat.cmu.edu/datasets/boston

　このデータは、Boston Housingデータと呼ばれるもので、データサイエンスを学習する際の例題データとして有名なデータです。506件のボストンの住宅について（価格や部屋数）と住宅があるエリアについて（固定資産税率や犯罪率など）の計14変数を持ちます。

	A	B	C	D	E	F	G	H	I	J	K	L	M	N	O	P	Q
1	No.	犯罪率	広い家の割合	非小売業の割合	川の隣か	NOx濃度	平均部屋数	古い家の割合	主要施設への距離	主要高速道路へのアクセス性	固定資産税率	生徒と先生の比率	黒人の割合	低所得者人口の割合	住宅価格（単位1000ドル）		
2	1	0.00632	18	2.31	0	0.538	6.575	65.2	4.09	1	296	15.3	396.9	4.98	24		
3	2	0.02731	0	7.07	0	0.469	6.421	78.9	4.9671	2	242	17.8	396.9	9.14	21.6		
4	3	0.02729	0	7.07	0	0.469	7.185	61.1	4.9671	2	242	17.8	392.83	4.03	34.7		
5	4	0.03237	0	2.18	0	0.458	6.998	45.8	6.0622	3	222	18.7	394.63	2.94	33.4		
6	5	0.06905	0	2.18	0	0.458	7.147	54.2	6.0622	3	222	18.7	396.9	5.33	36.2		
7	6	0.02985	0	2.18	0	0.458	6.43	58.7	6.0622	3	222	18.7	394.12	5.21	28.7		
8	7	0.08829	12.5	7.87	0	0.524	6.012	66.6	5.5605	5	311	15.2	395.6	12.43	22.9		

　ここでは、「住宅価格（単位1000ドル）」という変数に着目し、どんな価格の家がどれくらいあるかを分析してみます。

　まず平均値を計算すると、平均は22.53（千ドル）だということがわかります。とはいえ、データを見ると、価格はかなりばらついていることがわかります。そこで、データのばらつきをグラフにして、全体像を把握してみましょう。そこで、用いられるのが「ヒストグラム」という分析手法です。

分析ツールで度数分布表とヒストグラムを作成しよう

Excelには「関数」で分析するだけではなく、データ分析に特化した「分析ツール（データ分析）」という機能が実装されています。19個の分析ツールを選ぶことができます。

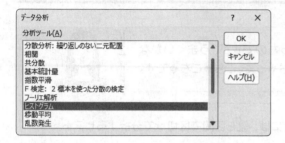

なお、もし《データ》タブの中に《データ分析》というメニューがない場合には、Excelのオプションからアドインを追加設定しておきましょう。

 COLUMN

分析ツールアドインを追加する

《ファイル》→《オプション》をクリックして、《Excelのオプション》を表示し、❶《アドイン》を選択します。アドイン一覧から❷《分析ツール》を選択し、下の❸《設定》をクリックして、表示される《アドイン》ダイアログボックスの❹《分析ツール》にチェックを入れて、❺《OK》をクリックしてください。

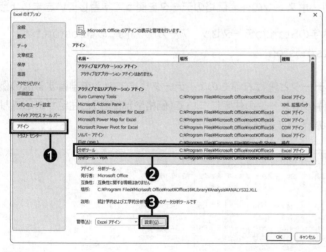

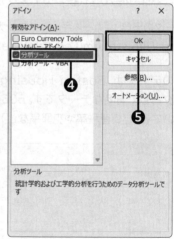

それでは分析ツールでヒストグラムを作成してみましょう。

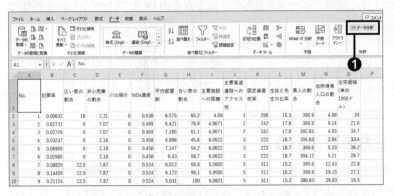

1 分析ツールの起動

❶《データ》タブの《データ分析ツール》をクリック

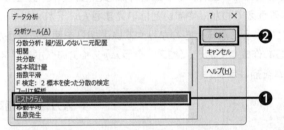

2 ツールの選択

❶《ヒストグラム》を選択
❷《OK》をクリック

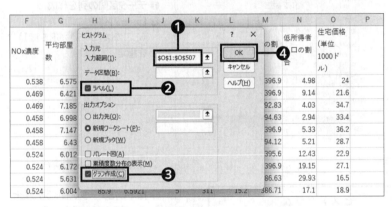

3 入力範囲の指定

❶《入力範囲》に対象となるデータの範囲（ここでは【$O$1：$O$507】）を指定
❷選択範囲の先頭行が変数名なので《ラベル》にチェックを入れる
❸《グラフ作成》にチェックを入れる
❹《OK》をクリック

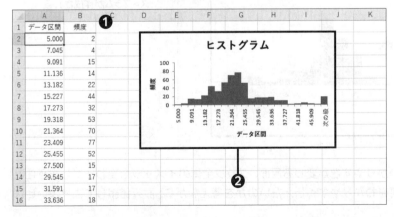

4 ヒストグラムの完成

❶シートが追加され、ヒストグラム（グラフ）と度数分布表が表示されるので、列幅や小数点以下の表示を調整
❷見やすくなるよう軸の表示や、棒の太さを調整

　結果を見ると、自動的に区間が0～5.000、5.000～7.045（単位千ドル）……といった具合に区切られ、対象区間（価格帯）に含まれる頻度（住宅数）の表が作られます。これが度数分布表です。それを棒グラフ化したヒストグラムも作成されます。

これを見ると、先ほど計算した平均22.53前後の住宅が多く、それより安い物件や高い物件は減っていく傾向が見て取れます。このように簡単に連続量の分布を確認できるのが、ヒストグラムの便利なところです。

なお、今回は山のピークが1つで、平均値の近くにピークが来ていました。ただし、必ずしもそうなるとは限りません。場合によっては山が複数出現し、いくつかの価格帯の住宅群が存在する場合もあります。分布を見ながら、どんなことがわかるのかを考えるのが、**「データを読む」**ということです。

意味を考えてくくり方を決めよう

先ほどはExcelが自動的に区切り方を決めて、ヒストグラムを作成しました。でも、2.045（千ドル）間隔という区切りは、ストーリーを作るうえでわかりやすいとはいえません。それよりも、「0〜5.00」「5.00〜15.00」「15.00〜30.00」などのように意味上もわかりやすい区切りを使ったほうが便利です。その場合、「データ区間」の列をあらかじめ作成しておき、《ヒストグラム》ダイアログボックスで指定しておけば、好きな区切り方でヒストグラムを描けます。

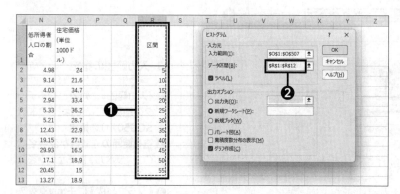

1 入力範囲の指定

❶ データ区間の列を作成
❷《データ区間》に範囲を指定（ここでは【$R$1:$R$12】）を指定

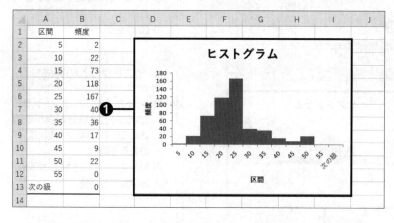

2 ヒストグラムの完成

❶ 指定したデータ区間に沿ったヒストグラムが作成される

ただし、区切り方によってわかりやすさが変わる反面、グラフ全体のイメージも変わってしまうことがあります。何に使うのか、何をわかりやすく伝えたいのかを考えながら、試行錯誤してよりよいヒストグラムを作ってみましょう。

重要なことは、平均値では消えてしまう**データの散らばり方（分布）を明らかにすること**ですので、その点を意識して分析することを忘れないようにしましょう。

平均が真ん中とは限らない：データの偏りにも着目しよう

　ボストンの住宅のデータでは、平均値の周りに山（出現頻度）のピークが来ていました。ただし、いつもそうとは限りません。有名な事例として、総務省の発表している「貯蓄額別の世帯分布」の結果を見てみましょう。

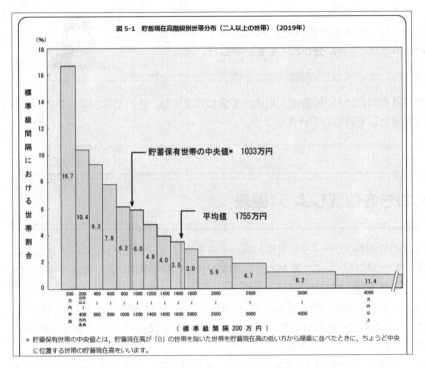

図 5-1　貯蓄現在高階級別世帯分布（二人以上の世帯）（2019年）

＊ 貯蓄保有世帯の中央値とは，貯蓄現在高が「0」の世帯を除いた世帯を貯蓄現在高の低い方から順番に並べたときに，ちょうど中央に位置する世帯の貯蓄現在高をいいます。

総務省統計局「2019年家計簿からみたファミリーライフ」より引用

　世帯の貯蓄額の平均は1755万円となっていますが、山のピーク（該当件数が一番多い区間）は、200万円未満です。平均が真ん中に来るというイメージを持っていると「1755万円が平均値だから、半分くらいの世帯は1755万円ぐらいの貯蓄があるのか」と思ってしまいがちですが、このように分布をヒストグラムで図示してみると、平均が必ずしも真ん中あたりにあるとは限らないことに気付けます。

　なお、ちょうど真ん中に当たる値のことを**「中央値」**といいますが、中央値は、1033万円となっています。これは対象とした世帯の半分が1033万円以下（真ん中なので1033万以上ともいえる）だということを表しています。

　これらのように「平均値」1つとっても、要約という分析は捨てられる情報が何なのかを意識して使わないといけないことがわかります。次の章では、データのばらつきについて、グラフ（ヒストグラムなど）以外で把握する方法を学習していきます。

LET'S TRY

演 習

　ボストンの住宅データの他の変数や、各自が興味を持てるデータの連続変数についてもヒストグラムを作成してみましょう。

01　ばらつきを数値化する

ヒストグラムを作ったら、ばらついているとか、ばらついていないとか、意見が分かれてしまいました。

グラフは便利だけど、印象は人によって変わりますね。それでは、ばらつきを数値化して評価してみましょう。

平均からのばらつきを確認しよう：偏差

　第8章で用いた「ボストンの住宅価格」のデータを再度分析してみましょう。P.106のヒストグラムのように、506件の住宅価格は、様々な価格があることがわかります。また、平均価格に近い価格が多く、ひと山のピークになっていることも確認しました。

　ただし、ヒストグラムのようなグラフは、階級（区切り方）の違いでも見た目が異なりますし、グラフを見る人によっても「散らばっている」とか「散らばっているようには見えない」というように異なる印象で（主観的に）評価できてしまうというデメリットがあります。

　そこで、データの散らばり具合（ばらつき具合）を数値化して、客観的な値にしてみましょう。データ分析や統計学で多用されるのは「分散」とか「標準偏差」という値なのですが、少しややこしいので、まずは**「平均偏差」**という指標を学習し、データのばらつきを評価する方法をマスターしましょう。

　まずは「ばらつき」とは何かから確認していきます。「ばらつき」とは、ひとことでいえばデータの散らばり方ですが、ばらつき方を評価するには、「〇〇からのばらつき」といったように、**基準となる点からの「差」を評価する**ことが必要です。

　データ分析から少し離れた例ですが、「〇〇って面白い味がする」と評価するには、「普通の味」という基準から〇〇がずれている（差がある）から面白い（普通ではない）味、と評価できるのと一緒です。その普通がないと、差が評価できないことになってしまいます。

さて、データ分析に戻りましょう。データ分析で他の散らばりを評価するときに、基準として「平均値」が多用されます。もちろん他の基準もありますが、まずは「平均値を基準として」量的変数のばらつきを考える方法を試してみましょう。

そこで、Excelで「平均値」と各住宅価格について「平均からの差（ずれ）」を計算していきます。この平均からのずれのことを**「偏差」**と呼びます。

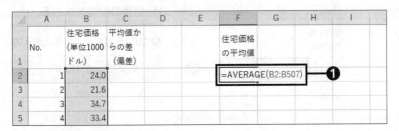

1 平均値を求める

❶ セル【F2】に以下の数式を入力

```
=AVERAGE(B2:B507)
```

	A	B	C	D	E	F	G	H	I
1	No.	住宅価格（単位1000ドル）	平均値からの差（偏差）			住宅価格の平均値			
2	1	24.0				=AVERAGE(B2:B507) ❶			
3	2	21.6							
4	3	34.7							
5	4	33.4							

2 偏差を求める

❶ セル【C2】に以下の数式を入力

```
=B2-$F$2
```

	A	B	C	D	E	F	G	H	I
1	No.	住宅価格（単位1000ドル）	平均値からの差（偏差）			住宅価格の平均値			
2	1	24.0	=B2-$F$2 ❶			22.5			
3	2	21.6							
4	3	34.7							
5	4	33.4							

3 コピーする

❶ セル範囲【C3:C507】にコピー＆貼り付けする

	A	B	C	D	E	F	G	H	I
1	No.	住宅価格（単位1000ドル）	平均値からの差（偏差）			住宅価格の平均値			
2	1	24.0	1.47			22.5			
3	2	21.6	-0.93						
4	3	34.7	12.17						
5	4	33.4	10.87						
6	5	36.2	13.67						
7	6	28.7	6.17	❶					
8	7	22.9	0.37						
9	8	27.1	4.57						
10	9	16.5	-6.03						
11	10	18.9	-3.63						
12	11	15.0	-7.53						
13	12	18.9	-3.63						

図のC列を見ると、平均価格の22.5（千ドル）より高いデータもあれば、マイナス（平均より安い）のデータもあることがわかります。この「偏差」を見ていくというのが基本ですが、偏差が506個もあるとパッと見ただけでは把握できないので、偏差の平均を取ってみましょう。

「平均からのばらつき」の平均はゼロ!?：平均偏差

以下の図は、セル【G2】に偏差の平均値を計算した結果です。

	A	B	C	D	E	F	G	H	I
1	No.	住宅価格 (単位1000 ドル)	平均値か らの差 (偏差)			住宅価格 の平均値	偏差の平均		
2	1	24.0	1.47			22.5	=AVERAGE(C2:C507)		
3	2	21.6	-0.93						
4	3	34.7	12.17						
5	4	33.4	10.87						

① 偏差の平均を求める

❶ セル【G2】に以下の数式を入力

= AVERAGE(C2:C507)

	A	B	C	D	E	F	G	H	I
1	No.	住宅価格 (単位1000 ドル)	平均値か らの差 (偏差)			住宅価格 の平均値	偏差の平均		
2	1	24.0	1.47			22.5	0.00		
3	2	21.6	-0.93						

② 結果が表示される

❶ 結果は「0.00」となった

ここで注目するのは、「偏差」の平均が0になってしまっている点です。平均値とは、平均以上のデータと平均以下のデータが釣り合うところなので、単純に偏差の平均を求めると0になります。個々の住宅価格の偏差を見ると、平均より高かったり、安かったりといういろいろな値があったにもかかわらず、平均0では「平均価格からのばらつきがない」と誤解されてしまいます。データ分析で、個々のばらつき(偏差)を平均からのずれで評価する難しさはこの点にあります。

そこで、次のように考えます。

> 平均からのずれは、+と−を取り除いて評価しましょう。

平均からのずれの+/−を取り除く方法としてわかりやすいのは「絶対値」という考え方です。「+だったら、そのままの値。−だったら、−を取り除いた値にする」というのが、絶対値にするということです。Excelでは、ABS関数を使うと絶対値が計算できます。

	A	B	C	D	E	F	G	H	I
1	No.	住宅価格 (単位1000 ドル)	平均値か らの差 (偏差)	偏差の絶 対値		住宅価格 の平均値	偏差の平均		
2	1	24.0	1.47	=ABS(C2)		22.5	0.00		
3	2	21.6	-0.93						
4	3	34.7	12.17						
5	4	33.4	10.87						

① 絶対値を求める

❶ セル【D2】に以下の数式を入力

= ABS(C2)

	A	B	C	D	E	F	G	H	I
1	No.	住宅価格 (単位1000 ドル)	平均値か らの差 (偏差)	偏差の絶 対値		住宅価格 の平均値	偏差の平均		
2	1	24.0	1.47	1.47		22.5	0.00		
3	2	21.6	-0.93	0.93					
4	3	34.7	12.17	12.17					
5	4	33.4	10.87	10.87					

② コピーする

❶ セル範囲【D3:D507】にコピー
&貼り付けする

	A	B	C	D	E	F	G	H	I
1	No.	住宅価格（単位1000ドル）	平均値からのずれ（偏差）	偏差の絶対値		住宅価格の平均値	偏差の平均	偏差の絶対値の平均（平均偏差）	
2	1	24.0	1.47	1.47		22.5	0.00	=AVERAGE(D2:D507)	
3	2	21.6	-0.93	0.93					
4	3	34.7	12.17	12.17					
5	4	33.4	10.87	10.87					

3 平均偏差を求める

❶ セル【H2】に以下の数式を入力

=AVERAGE(D2:D507)

	A	B	C	D	E	F	G	H	I
1	No.	住宅価格（単位1000ドル）	平均値からのずれ（偏差）	偏差の絶対値		住宅価格の平均値	偏差の平均	偏差の絶対値の平均（平均偏差）	
2	1	24.0	1.47	1.47		22.5	0.00	6.65	
3	2	21.6	-0.93	0.93					
4	3	34.7	12.17	12.17					
5	4	33.4	10.87	10.87					

4 平均偏差が求められた

❶「6.65」という平均偏差が求められた

この「『平均からのずれ』の平均」のことを「**平均偏差**」と呼びます。これで、見た目の印象ではなく、客観的なばらつきの指標を手に入れることができました。

「平均偏差」を解釈してみましょう。

このデータから、以下のことがわかります。

- この506件の住宅価格の平均は、**22.5（千ドル）**
- 平均より高い物件や安い物件もあるが、その差の平均は、**6.65（千ドル）**

これがデータから得られたファクト（事実）です。この結果をもとに、「平均価格が高いなぁ（または、安いなぁ）」とか「価格のばらつきが大きいなぁ（または、小さいなぁ）」と解釈するために背景知識が必要なのは、第7章で学習したことと同じです。

多用されるのは「標準偏差」!?

ここまで学習した「平均偏差」はその仕組みもわかりやすく、便利なのですが、実は、データ分析や統計学の世界では、あまり使われてきませんでした。その背景には、昔は「絶対値」を計算するのが難しかったという事情があります。そこで、多くの場合「標準偏差（または分散）」というばらつきの指標が多用されてきました。ここでは、「平均偏差」と「標準偏差」の違いを整理しておきます。

なお、数式が得意ではない人は、この両者の数学的な違いはあまり気にしなくてもかまいません。道具として以下の理解だけでOKです。

- 「平均偏差」と「標準偏差」は平均値からのばらつきの大きさを表している。「数値が大きければ、データがばらついていて、数値が小さければデータのばらつきが小さい」。
- 平均偏差と標準偏差の値は（若干）異なるため、ある分析では、どちらを使うかを統一しておき、混在することは避ける（ほとんどの場合「標準偏差」が使われる）。

では、標準偏差とは何でしょうか（繰り返しますが、数学が得意ではない人は、読み流してしまっても大丈夫です）。

ポイントは、偏差の＋と－を取り除く際に、絶対値ではなく2乗を使うという点です。

先ほど触れたとおり、絶対値は「プラスならプラスのまま、マイナスならプラスに」という論理演算なので、昔のシンプルな電卓では計算できませんでした。そこで、以下のようにプラスとマイナスを取り除く方法が考えられました。

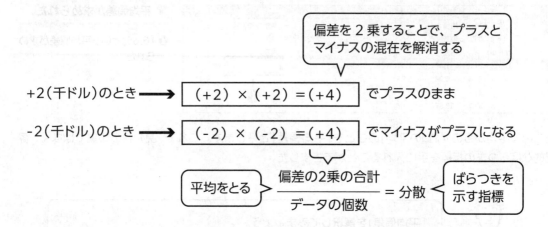

偏差を2乗することで、プラスとマイナスの混在を解消する

+2（千ドル）のとき ⟶ （+2）×（+2）＝（+4） でプラスのまま

-2（千ドル）のとき ⟶ （-2）×（-2）＝（+4） でマイナスがプラスになる

平均をとる ⟶ $\dfrac{偏差の2乗の合計}{データの個数}$ ＝分散 ← ばらつきを示す指標

ただし、この方法には、使い勝手に課題があります。2乗してしまったので偏差が大きくなり、しかも単位が（千ドル）から（千ドル）²になってしまうのです。そこで、この指標（分散）のルート（平方根）を計算し、単位をもとに戻すという処理が行われます。それが「**標準偏差**」です。

計算機が発達していなかった時代には、絶対値より2乗を計算するほうが簡単だったという事情によって、今でもばらつきの指標は「分散」や「標準偏差」が最も一般的な指標として利用されています。皆さんも、ばらつきの指標としては、単位が変わらずにわかりやすい「標準偏差」を使うことが普通なのだと覚えておいてください。

平均偏差と標準偏差の違いはプラスとマイナスを取り除く方法ですが、一般的には標準偏差が使われます。

標準偏差を計算しよう：関数の活用

「標準偏差」の計算の仕組みについて解説しましたが、Excelでは関数を使えば、簡単に計算することができます。2つの関数があるのですが、その違いは後ほど確認するとして、ここでは「STDEV.P関数」を使って計算しましょう。

次の図のように、STDEV.Pの括弧の中にもとのデータの範囲指定をするだけで計算できます。指定する範囲は偏差ではなく、もとのデータなので気を付けてください。

なお、平方根を計算する前の値「分散」は「VAR.P関数」で求められます。また、「平均偏差」は「AVEDEV関数」で求められますので、あわせて覚えておきましょう。

1 標準偏差を求める

	A	B	C	D	E	F	G	H	I	J
1	No.	住宅価格（単位1000ドル）	平均値からの差（偏差）	偏差の絶対値		住宅価格の平均値	偏差の平均	偏差の絶対値の平均（平均偏差）	標準偏差	
2	1	24.0	1.47	1.47		22.5	0.00	6.65	=STDEV.P(B2:B507)	
3	2	21.6	-0.93	0.93						
4	3	34.7	12.17	12.17						
5	4	33.4	10.87	10.87						

❶ セル【I2】に以下の数式を入力

=STDEV.P(B2:B507)

2 標準偏差が求められた

	A	B	C	D	E	F	G	H	I	J
1	No.	住宅価格（単位1000ドル）	平均値からの差（偏差）	偏差の絶対値		住宅価格の平均値	偏差の平均	偏差の絶対値の平均（平均偏差）	標準偏差	
2	1	24.0	1.47	1.47		22.5	0.00	6.65	9.19	
3	2	21.6	-0.93	0.93						
4	3	34.7	12.17	12.17						
5	4	33.4	10.87	10.87						

❶ 「9.19」という標準偏差が求められた
※ 必要に応じて、小数点の桁数を調整してください。

　上の図の②の値を見ると、標準偏差は9.19という結果になっています。ということは、平均22.5（千ドル）で、9.19（千ドル）のばらつきが、平均からのばらつきだということになります。

　なお、平均偏差と標準偏差の値が異なることが気持ち悪く感じるかと思います。これは、標準偏差は、2乗した値の平均（分散）の平方根を計算しているため、分散の分母であるデータの個数部分も平方根に含まれてしまっているためです。意味のうえからは、「平均偏差」のほうが「平均からのばらつきの平均」を正しく表していますが、標準偏差が一般的に使われているので、この違いを理解したうえで、ばらつきを評価するということを覚えておいてください。

LET'S TRY

演　習

　配布データの中の式や関数を確認し、関数の使い方を理解しましょう。そのうえで、各自の興味があるデータについて、平均と標準偏差を計算してみましょう。

02 売上データを分析しよう

あるお店の売上金額のデータが手に入ったんですが、これも標準偏差で分析できるんでしょうか?

もちろんできますよ。グラフで視覚化しながら分析しましょう。

売上データを折れ線グラフで視覚化しよう

　ここでは、以下のようなある店舗の1日の売上金額(売上高)の推移(6月の30日分)を記録した「時系列データ」を分析していきましょう。なお、時系列データの場合、順序に意味がありますので、その推移を把握しやすくするために、折れ線グラフを描くことが一般的です。

　A列の「時間(日付)」とB列の「A店の売上高」を選び、《挿入》タブの折れ線グラフのボタンを押すと種類が選べるので、「折れ線グラフ」か「マーカー付き折れ線グラフ」を選ぶといいでしょう。ここでは「折れ線グラフ」を選んでみました。

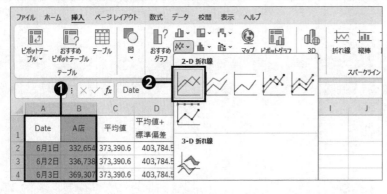

1 グラフの種類を選ぶ

❶ セル範囲【A1:B31】を選択
❷ 《挿入》タブの《折れ線/面グラフの挿入》→《折れ線》

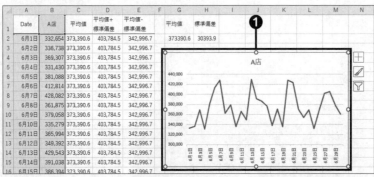

2 折れ線グラフが作成された

❶ 必要に応じて数値軸の範囲などを調整(図では、軸の最小値を「300,000」に設定しています)

このように、日々の売上高の推移が簡単に確認できます。では、平均値とばらつきについて検討していきましょう。平均値は「AVERAGE関数」で、標準偏差は「STDEV.P関数」で計算しましょう。

さて、この値を折れ線グラフに追記してみようと思います。以下、簡単な方法を解説します。

まず、平均値と標準偏差を計算します。この例では、セル【G2】と【H2】に計算しました❶。続いて、平均値をC列にコピー＆貼り付けします。この例では、373,390.6円となっています。その際、数式が貼り付けされないように《値として貼り付け》で貼り付けてください❷。そして、D列には「平均値＋標準偏差」の値（403,784.5円）を、E列には「平均値-標準偏差」の値（342,996.7円）をそれぞれ貼っておきます❸。

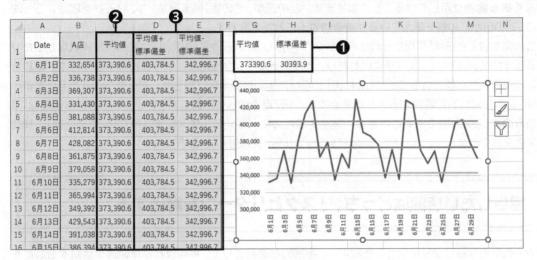

最後に、折れ線グラフをクリックすると、グラフが参照するデータ範囲の枠が表示されるので、ブルーの領域の角をドラッグしてE列まで広げます。すると、C〜E列もグラフに含まれるようになり、売上高の折れ線グラフに「平均値」「平均値＋標準偏差」「平均値-標準偏差」の3本の補助線が表示されます。それでは、これから何がわかるか考えていきましょう。

平均からのばらつきのパターンを確認しよう

まずは、売上高の系列と平均値に着目してみます。平均値の補助線を引くことで、日々のずれ（偏差）がわかりやすくなりました。これを見ながら、平均値より多く売れた日や売れなかった日の出現パターンがないかを確認していきます。

よく見てみると、7日周期でパターンがあるように見えます。このような**繰り返しパターン（サイクリカルなパターン）は、季節性といいます**が、その場合、前の日と比較して「今日は売れた、売れなかった」という判断をするだけでは十分ではないことになります。例えば、日曜日は売れるけど月曜日は売れないことが多い、というパターンがあったときに、「今日（月曜日）は、昨日より売れてないじゃないか」といわれても「まあ、月曜日ですし」と思うはずです。このようにサイクリカルな傾向を見つけるためにも、平均値の補助線を引くのは有効です。このあたりの繰り返しパターンがある場合の分析方法については、いろいろありますが、ここではパターンの発見が重要だということを押さえておいてください。

それ以外にも、平均以上が連続するとか、平均以下が連続する場所があるかといった視点も重要なチェックポイントです。

標準偏差って、なんだ？

今回、「平均＋標準偏差」と「平均−標準偏差」という補助線も引いてみました。ここから、標準偏差の意味を考えてみたいと思います。

標準偏差とは、「平均からのばらつきの平均」を表しているわけですから、この範囲は、**日々の売上としてよくある範囲**を示していることになります。どの日が、その幅（標準偏差）内にいるかを確認すると同時に、どの日がこの幅を超えているかを確認することが重要です。

この幅を超えた日は「平均からのばらつきの平均」、つまり「日々これくらいは売れたり売れなかったりするはずの幅」を超えて、より多く売れたり、より売上が少なかったりという日になるはずです。これらを普段から外れた値ということで**「外れ値」**と呼びます。ビジネスに限らず、データから何か発見する際には、この「外れ値」に着目することが重要です。第7章で詳しく学習しますが、ここでは標準偏差は「平均からのずれの平均」であることを強く理解するために、「平均値＋標準偏差」「平均値−標準偏差」の補助線を追記してみました。しっかり意味を確認してから、先に進んでください。

担当したい店舗はどっち:リスクとリターンを評価する

やや数学的な話ばかりになってきたので、実践的な道具として、平均値と標準偏差を活用することを考えてみたいと思います。

以下の3つのビジネスケースについて、各自の答えを考えてから、先に進みましょう。

【Case1】
　Q.あなたは、どちらの店舗の店長になりたいですか。A店、B店のどちらかを選び、
　　その理由を考えてください。

A店	日々の平均売上高	300万円	標準偏差	30万円
B店	日々の平均売上高	100万円	標準偏差	30万円

【Case2】
　Q.あなたは、どちらの店舗の店長になりたいですか。C店、D店のどちらかを選び、
　　その理由を考えてください。

C店	日々の平均売上高	300万円	標準偏差	3万円
D店	日々の平均売上高	300万円	標準偏差	30万円

【Case3】
　Q.あなたは、どちらの店舗の店長になりたいですか。E店、F店のどちらかを選び、
　　その理由を考えてください。

E店	日々の平均売上高	300万円	標準偏差	30万円
F店	日々の平均売上高	200万円	標準偏差	20万円

【Case1】は、多くの人は、A店を選ぶのではないでしょうか。それはばらつきが同じ（標準偏差30万円）に対して、売上高はA店がB店の3倍ある、つまりビジネス規模が3倍だからチャンスが大きいと感じるからでしょう。もちろん、忙しいのは嫌だから小規模のB店のほうがいいという人がいてもOKです。

重要な点は、「平均値」が期待できるリターン（収益機会）の判断に使えるということです。

　それでは、【Case2】はどうでしょうか。これは【Case1】よりも意見が分かれると思います。リターン（収益機会、ビジネス規模）はC店、D店と同じですが、日々の売上の多少（上下）が異なるというケースです。
　C店は標準偏差3万円に対して、D店は標準偏差が30万円です。どちらも平均値が同じということは、判断の違いは、この標準偏差の違いから来ているわけです。
　C店を選んだ人は、おそらく「C店のほうが、日々の売上がばらつかないから管理しやすい」などの安定性を評価したのではないでしょうか。
　それに対してD店を選んだ人は「D店は大きく売れる日と大きく売れない日が混在するから、その理由（売れたり売れなかったりする理由）が見つかれば、店舗運営に工夫ができる」といった**改善性（チャンスとリスク）**を評価したのではないでしょうか。

このように「標準偏差」というばらつきは、チャンスやリスクを表し、実務では安定性や改善性を評価するための道具に使えるということがわかります。

　【Case3】は、平均値と標準偏差がともに異なるため、結果の利用者が、平均を重視するか、標準偏差を重視するかを、目的に応じて判断する必要があり、総合的な判断が必要にはなります。ただし、道具（平均と標準偏差）の使い方は一緒です。

　今回は、売上高のデータでの平均値と標準偏差で考えましたが、例えば、あるテストで科目ごとに平均値と標準偏差が異なるとしたら、それは何を意味するのかといった分析にも、応用できます。いずれにしろ、ある分析手法を学んだら、「単に計算できる」ことを目指すのではなく、「道具として活用できるように理解する」ところまで目指すことが大切です。しっかり復習しておきましょう。

LET'S TRY
演 習

平均値と標準偏差を、どんなデータにどう使うと、どんな活用ができるかを考え、報告しあいましょう。

03 一部のデータでは誤差を加味しよう

30日分の売上データの分析結果を伝えたら、喜ばれました。ただ、「誤差」とか聞かれたんですが、何のことですか？

誤差はデータを戦略系の視点で見るときに出てくる用語ですよ。データをどう使うかってビジネスではとても重要なんです。会計系と戦略系で見方が異なることがあるから、整理しておきましょう。

たまたまの結果かもという視点を持つ

　第5章で学習した「母集団データ」と「標本データ」という話を思い出してください。先ほどのA店6月の売上データは、どちらのデータでしょうか。「母集団データ」「標本データ」の違いがわからない場合は、第5章を復習して、このデータがどちらに当てはまるのかを考えてから、先に進みましょう。

1）この期間の売上実績に興味があるなら「母集団データ」とみなそう

　この6月の30日間の売上がどんな状態であったかを把握するための分析であれば、この期間が知りたいコトの全期間なので、「母集団データ」と考えて分析をします。この場合、求めた平均値やばらつきは、（計算間違いさえしていなければ）誰が計算しても断言できる正しい値です。

　経理や簿記会計的な現状把握の視点で眺めるときには、基本的には、その期間を母集団とみなすことが一般的です。

2）この期間の売上傾向に興味があるなら「標本データ」とみなそう

　それに対して、分析するデータ期間は6月の30日間のデータではあるものの、このお店の売上能力といったような傾向を把握したいのであれば、話は変わります。6月の結果はあくまで「たまたま」であると考えます。というのは、このお店の売上傾向を把握する目的なら、別に「5月31日から6月29日」の30日の期間であっても、「6月1日から7月5日」であっても、本質的には問題がないからです。区切りがよいので「6月の30日間」を対象にしているにすぎません。したがって、どう期間を区切るかによって出てくる結果（平均値など）は変わってしまうはずです。つまり、分析対象はあくまで切り取られた一部のデータなので、「標本データ」ということになります。

　6月の結果を他の月での能力評価に適用するということは、分析結果を、**経営戦略やマーケティング戦略を立てるための意思決定の情報として活用したい**と考えているのでしょう。

　このように同じデータであっても、結果を使う目的によって、「母集団データ（そのデータ範囲に興味がある）」か「標本データ（そのデータ範囲を超えて一般化したい）」か、が変わってくることを覚えておきましょう。

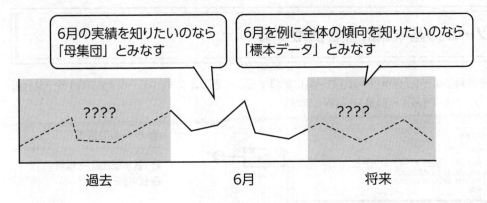

6月の実績を知りたいのなら「母集団」とみなす

6月を例に全体の傾向を知りたいのなら「標本データ」とみなす

????　　　　????

過去　　　　6月　　　　将来

　ここで重要なキーワードを押さえておきます。標本データはたまたまその期間となっているということですから、得られた結果にも「たまたま」さが含まれます。これを「(推定) 誤差」と呼びます。

データを標本データとみなす場合、そこからの結論は誤差があります（断言できない）。

2つの標準偏差の使い分け

　先ほど、Excelの関数を使って標準偏差を計算する方法を学習しました。実は、標準偏差には、母集団データで計算する「母集団標準偏差」と標本データで計算する「標本標準偏差」があります。それぞれ、以下の関数に対応します。

「母集団標準偏差」:STDEV.P関数　計算するときの分母が「データの個数:n」
「標本標準偏差」:STDEV.S関数　計算するときの分母が「データの個数-1:n-1」

	A	B	C	D	E	F	G	H	I	J	K
1	Date	A店									
2	6月1日	332,654		母集団標準偏差	30,393.9	←=STDEV.P(B2:B31)					
3	6月2日	336,738		標本標準偏差	30,913.5	←=STDEV.S(B2:B31)					
4	6月3日	369,307									
5	6月4日	331,430									
6	6月5日	381,088									
7	6月6日	412,814									
8	6月7日	428,082									
9	6月8日	361,875									

一部のデータで計算した「標本標準偏差」のほうが、誤差を加味する分、ばらつきが大きくなっていることがわかります。

目的に応じて、これらの関数を使い分けましょう。

分析ツールの基本統計量を使用する

平均値や標準偏差などを「分析ツール」で一気に計算することもできます。《データ》タブの《データ分析ツール》をクリックして《基本統計量》を選択します。

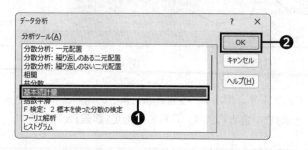

1 ツールの選択

❶《基本統計量》を選択
❷《OK》をクリック

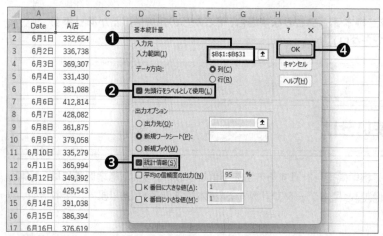

2 入力範囲の指定

❶《入力範囲》に分析対象の範囲
　（ここでは【$B$1:$B$31】）
　を指定
❷ 範囲の先頭行が変数名の場合
　は《先頭行をラベルとして使
　用》にチェックを入れる
❸《統計情報》にチェックを入れる
❹《OK》をクリック

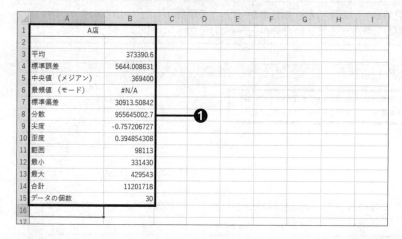

3 結果が表示された

❶ シートが追加され、基本統計量
　が表示される

この「分析ツール」の「基本統計量」の計算はとても便利ですが、注意が必要です。それを理解するために、標準偏差の値を、先ほどの関数で計算した2種類の値と比べてみましょう。「30913.5」ですから、**「標本標準偏差」が計算されている**ことがわかります。このように「分析ツール」の「基本統計量」は、一部のデータ（標本データ）とみなして計算しており、誤差を加味した標準偏差になっている点に注意して利用してください。

母集団標準偏差だと思って、使っているケースがよくあるので、注意が必要です。

平均値に誤差を加味しよう：標準誤差

　もう1つ、誤差に関わる情報が「標準誤差」です。名前が標準偏差と似ていますが、違う指標です。

　データを一部のデータ（標本データ）とみなすと、平均値にも誤差を加味する必要があるはずです。この30日間の1日当たりの平均売上高は、373390.6円でしたが、期間を少し変えれば、結果も変わるはずです。そこで、平均にどれくらいの誤差を加味すべきかを示したのが「標準誤差」です。

　結果を見ると「標準誤差：5644.0円」となっています。つまり、30日間で計算した平均売上高に誤差をつけ、373390.6円±5644.0円という風に考えようというわけです。

ここまで第8、9章を通じて量的変数の要約を学習してきました。第10章では、平均と標準偏差のより積極的な使い方について学習しますので、先に進む前に、第8、9章をしっかり復習しておきましょう。

LET'S TRY

演 習

　ボストンの住宅データの住宅価格について、「分析ツール」で基本統計量を計算してみましょう。このデータが一部のデータ（標本データ）としたら、どんなことが考えられるか、議論してみましょう。

01 新しい変数を作って差別化しよう

売上に来店客数の値が追記されたデータをもらったんですが、数がたくさんあってどこから手を付けたらいいのかわかりません。

実際のデータは、いくつもの変数が含まれるから、分析はいろいろと増えるね。でも、基本的なことだけでも、役に立つよ。手法は増やさず、今まで勉強してきたことを組み合わせてみよう。

複数の変数をもとに解析する

　第9章では、ある小売店の日々の売上金額(売上高)のデータを分析しました。ただし、実際のデータ分析では、ある1つの変数のみがデータに含まれているということはまれで、通常、いくつもの変数が含まれています。変数を組み合わせて分析する「多変量解析」といった高度な手法が用いられることもあるのですが、必ずしもそういう高度な手法が必要とは限りません。まずは、今使える道具(手法)を活用して、有益な知見をデータから掘り起こすことを考えることのほうが重要です。

　まず、今回のデータを見てみましょう。前回(P.119)のデータに、日々の来店客数が追加されたものです。

	A	B	C	D	E	F	G	H	I	J	K	L	M
1	Date	売上高	来店客数							売上高	来店客数		
2	6月1日	332,654	109						平均値	373,390.60	146.43		
3	6月2日	336,738	80						標準偏差	30,393.92	52.43		
4	6月3日	369,307	92										
5	6月4日	331,430	164										
6	6月5日	381,088	212										
7	6月6日	412,814	228										
8	6月7日	428,082	192										
9	6月8日	361,875	204										

売上高と来店客数の「平均値」と「標準偏差」を計算する。
セル【J2】:=AVERAGE(B2:B31)、セル【K2】:=AVERAGE(C2:C31)
セル【J3】:=STDEV.P(B2:B31)、セル【K3】:=STDEV.P(C2:C31)

　もちろん、実際には、その日の気温や天気など、様々なデータが追加されているかもしれませんが、いきなりたくさんの変数を見るとかえってわかりにくくなりますので、ここでは「来店客数」だけを追加したデータを見ていきます。

変数はいきなり増やしすぎてもかえって使いにくくなります。絞り込んで検討していきましょう。

これまで「量的変数」の分析では、「平均値」と「標準偏差」を学習してきました。ここでは、このデータが「母集団データ（知りたい期間はこの30日だけと考えている）」として、分析してみます。その場合は、第9章で説明した関数で簡単に計算できます。

変数を分解すると見えることが増える!?

ここで、分析を進める前に、変数をしっかり読み解いておきたいと思います。「売上高」と「来店客数」はどのような関係にあるのでしょうか。もちろん、様々な関係を想定することはできますが、以下のように式を変形してみましょう。〇〇の部分が何になるかを考えてみてください。

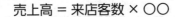

売上高 ＝ 来店客数 × 〇〇

〇〇をわかりやすくするために式を変形　〇〇 ＝ 売上高 ÷ 来店客数　〇〇は何?

〇〇が表すのは、来店客数1人当たりの購入金額、いわゆる**「客単価」**です。このようにデータを組み合わせて、他の変数を設定することを「定義」といいます。この例では、「売上高」を「来店客数」×「客単価」で定義した（もしくは、「客単価」を「売上高」÷「来店客数」で定義した）ということになります。

どうして、こんな面倒くさいことをするのでしょうか。それは、ある変数（この場合、売上高）を他の変数に分解すると、**「サブゴールが見える」**からなんです。もう少し具体的に考えてみましょう。

このお店から「売上高を増やしたいのだけど、どうすればいいか?」とアドバイスを求められたとします。そのとき、直接「売上高」を増やすことを考えるのは難しいものです。それは、「売上高」がいろいろな要因から影響を受けているからです。もちろん、人間は「意味」がわかりますから、経験からいろいろなアイデアを出すことはできますが、データにもヒントを求めたいと考えたらどうでしょうか。

売上高を「来店客数」と「客単価」に分解すると、

- **「来店客数」**を増やすには、どうするか
- **「客単価」**を増やすには、どうするか

というように視点を具体化できます。

来店客数　　　客単価

「売上高」をゴール（目標）とすれば、「来店客数」と「客単価」はサブゴール（具体化された下位の目標）となります。

このように変数が複数あったら、ゴールとサブゴールという視点から、新しい変数を「定義」し、作成できないかを考えてみましょう。以下、客単価の計算の仕方をまとめておきますので、確認してみましょう。

1 客単価を求める

	A	B	C	D				売上高	来店客数
1	Date	売上高	来店客数	客単価					
2	6月1日	332,654	109	=B2/C2 ❶			平均値	373,390.60	146.43
3	6月2日	336,738	86	4209.225 ❷			標準偏差	30,393.92	52.43
4	6月3日	369,307	92	4014.207					
5	6月4日	331,430	16-	2020.915					

❶ セル【D2】に「=B2/C2」と入力
❷ 以降のセルにコピー＆貼り付け

2 平均値と標準偏差を求める

	A	B	C	D				売上高	来店客数	客単価
1	Date	売上高	来店客数	客単価						
2	6月1日	332,654	109	3051.872			平均値	373,390.60	146.43	2859.89 ❶
3	6月2日	336,738	80	4209.225			標準偏差	30,393.92	52.43	910.38 ❷
4	6月3日	369,307	92	4014.207						
5	6月4日	331,430	164	2020.915						
6	6月5日	381,088	212	1797.585						
7	6月6日	412,814	228	1810.548						
8	6月7日	428,082	192	2229.594						
9	6月8日	361,875	204	1773.897						
10	6月9日	379,058	174	2178.494						
11	6月10日	335,279	96	3492.49						

❶ セル【L2】に以下の数式を入力

=AVERAGE(D2:D31)

❷ セル【L3】に以下の数式を入力

=STDEV.P(D2:D31)

次に「偏差」も計算してみましょう。対象のセルの値から平均値を引き算します（図では、E列からG列の数値に、太字を設定しています）。

	A	B	C	D	E	F	G	H	I	J	K	L	M
1	Date	売上高	来店客数	客単価	偏差(売上高)	偏差(来店客数)	偏差(客単価)			売上高	来店客数	客単価	
2	6月1日	332,654	109	3051.872	=B2-J$2	-37.4	**192.0**		平均値	373,390.60	146.43	2859.89	
3	6月2日	336,738	80	4209.225	-36,652.6	-66.4	**1,349.3**		標準偏差	30,393.92	52.43	910.38	
4	6月3日	369,307	92	4014.207	-4,083.6	-54.4	**1,154.3**						
5	6月4日	331,430	164	2020.915	-41,960.6	17.6	**-839.0**						

各変数の偏差を求めると、例えば「6月1日は、来店者数は普段（平均値）より少なかったが、客単価は普段（平均値）より高かった」といった状況が見えてきます。売上高が普段（平均値）より少なかったのは、「来店客数が少なかった」ことが要因であるとうかがい知れるでしょう。

このように、第9章までで学習した「偏差」だけでも、変数を分解し、新しい変数を定義することで、より役に立つ知見を得られます。いろいろな工夫をしてみましょう。

計算結果には「単位」を付けて読む癖を付けましょう。

今回は、「売上高」「来店客数」「客単価」という3つの変数を分析対象にしていますが、それぞれ単位が異なるという点に着目してください。それぞれの単位は「円」「人」「円」です。当たり前に思えるかもしれませんが、分析結果には意味を持たせる必要があります。単位を付けられるものは、しっかり単位を付けて読み解く癖を付けておきましょう。

LET'S TRY

演習

以下の要約結果をもとに、何がわかるか箇条書きにしてみましょう。その際、数値には、単位を付けて何の数字なのかすぐにわかるような文章で、レポートしてみましょう。そのうえで、他の人のレポート（箇条書き）と比べてみましょう。

	売上高	来店客数	客単価
平均値	373,390.60	146.43	2,859.89
標準偏差	30,393.92	52.43	910.38

SECTION 02　異なる単位の変数を比較する

来店客数が大きく減っているのに、客単価があまり減っていない日がありますね。

減り方の大きさってどうやって比較しているんですか？　片方が「人」でもう一方は「円」ですよ。

あ！

そのずれは、大きいのか小さいのか：標準化

　今回扱う変数では、「円」や「人」という異なる単位が混在しています。となると平均や偏差を比較しても、直接大小関係を判断できません。といっても、感覚的に「今日はお客さんが多かったわりに、客単価はあまり増えなかったなぁ」というような判断はしていると思います。実は、これは過去の経験に照らし合わして、判断しているわけですが、これに似たような判断を、データからも行うことができます。それが**「標準化」**という手法です。

　なお、「標準化」という新しい言葉が出てきましたが、使う指標は「平均値」と「標準偏差」で、それを組み合わせるだけですから、難しいことはありません。1つずつ仕組みを理解しながら、Excelの関数で計算してみましょう。

標準化という考え方

　まずデータを見てみましょう。わかりやすくするために先ほどの売上データの一部を変更して、少数の架空のデータで分析してみます

	A	B	C	D	E	F	G	H	I	J	K	L
1	Date	来店客数	客単価	偏差 (来店客数)	偏差 (客単価)						来店客数	客単価	
2	架空日1	172	3319.9	26	460				平均値	146.43	2859.89	
3	架空日2	198	2768.9	52	91				標準偏差	52.43	910.38	
4	架空日3	224	2905.9	78	46							
5	架空日4	250	4679.9	104	1,820							
6												

偏差を求めても、単位が「人」と「円」なので単純比較できない

例えば、架空日1の偏差を見ると、来店客数は、普段（平均値）よりも26人多く、客単価は普段（平均値）よりも460円高いことがわかります。ただし、単位が異なるので、どちらが大きいか判断できません。

そこで、単位消しのテクニックを使います。単位は、同じ単位で割れば、消すことができます。「円」÷「円」もしくは「人」÷「人」とすれば、もとの単位が消えて、それぞれ割合（%）にそろえることができるはずです。ここでは、偏差を標準偏差で割ってみましょう。

	A	B	C	D	E	F	G	H	I	J	K	L
1	Date	来店客数	客単価	偏差（来店客数）	偏差（客単価）	標準化得点（来店客数）	標準化得点（来店者数）			来店客数	客単価	
2	架空日1	172	3319.9	26	460	=D2/J$3	0.51		平均値	146.43	2859.89	
3	架空日2	198	2768.9	52	91	0.99	0.10		標準偏差	52.43	910.38	
4	架空日3	224	2905.9	78	46							
5	架空日4	250	4679.9	104	1,820							
6												

偏差を標準偏差で割って単位を消したものが標準化得点

架空日1の来店者　　偏差：26人　÷標準偏差：52.43人　÷0.5（標準化得点）
架空日1の客単価　　偏差：460円÷標準偏差：910.38円÷0.5（標準化得点）

個々の「偏差」を「標準偏差」で割ることで、単位がない（比率になった）「標準化得点（Z得点）」が得られます。さて、これは何を意味しているのでしょうか！？

標準化得点（Z得点）は、ある日（ある対象）の「平均からのずれ（偏差）」が、「『平均からのずれ』の平均（標準偏差）」に対してどれくらいの割合となるのかを示しています。

例えば、架空日1の来店者数は平均値より26人多い日でしたが、6月各日のずれの平均は52人ぐらい（標準偏差52.43人）ですから、架空日1のずれは普段のずれの半分ぐらい（50%ぐらい）高かったといえます。同様に客単価の標準化得点も0.5となっているので、この日は、普段の客単価のずれの半分ぐらい（50%ぐらい）高かったとなります。

来店客数と来店者数の標準化得点はともに0.5ですから、**平均よりも同程度多かった（人数が多く、客単価が高かった）と判断できる**わけです。

STANDARDIZE関数で標準化得点を計算しよう

Excelには、標準化得点を計算するためのSTANDARDIZE関数が用意されています。先に、平均値と標準偏差を計算しておき、「=STANDARDIZE（対象とする値,平均値,標準偏差）」と指定すると、標準化得点（Z得点）が求められます。

	A	B	C	D	E	F	G	H	I	J	K	L
1	Date	売上高	来店客数	客単価	標準化得点（売上高）	標準化得点（来店客数）	標準化得点（客単価）			売上高	来店客数	客単価
2	6月1日	332,654	109	3051.872					平均値	373,390.60	146.43	2859.89
3	6月2日	336,738	80	4209.225					標準偏差	30,393.92	52.43	910.38
4	6月3日	369,307	92	4014.207								
5	6月4日	331,430	164	2020.915								
6	6月5日	381,088	212	1797.585								
7	6月6日	412,814	228	1810.588								
8	6月7日	428,082	192	2229.594								
9	6月8日	361,875	204	1773.897								
10	6月9日	379,058	174	2178.494								
11	6月10日	335,279	96	3492.49								
12	6月11日	365,994	211	1734.569								
13	6月12日	349,392	88	3970.364								

❶

1 平均値と標準偏差を求める

❶ セル【J2】とセル【J3】に以下の数式を入力

セル【J2】

```
=AVERAGE(B2:B31)
```

セル【J3】

```
=STDEV.P(B2:B31)
```

	A	B	C	D	E	F	G
1	Date	売上高	来店客数	客単価	標準化得点 (売上高)	標準化得点 (来店客数)	標準化得点 (客単価)
2	6月1日	332,654	109	❶ 1,872	-1.3	-0.7	0.2
3	6月2日	336,738	80	4209.225	-1.2	-1.3	1.5
4	6月3日	369,307	92	4014.207	-0.1	-1.0	1.3
5	6月4日	331,430	164	2020.915	-1.4	0.3	-0.9
6	6月5日	381,088	212	1797.585	0.3	1.3	-1.2
7	6月6日	412,814	228	❷ 810.588	1.3	1.6	-1.2
8	6月7日	428,082	192	2229.594	1.8	0.9	-0.7
9	6月8日	361,875	204	1773.897	-0.4	1.1	-1.2
10	6月9日	379,058	174	2178.494	0.2	0.5	-0.7
11	6月10日	335,279	96	3492.49	-1.3	-1.0	0.7

2 標準化得点を求める

❶ セル範囲【E2:G2】に以下の数式

セル【E2】

```
=STANDARDIZE(B2,J$2,J$3)
```

セル【F2】

```
=STANDARDIZE(C2,K$2,K$3)
```

セル【G2】

```
=STANDARDIZE(D2,L$2,L$3)
```

❷ 以降のセルにコピー

標準化得点を見ると、例えば次のようなことがわかります。

> 6月1日は、客単価はあまり多くなかった（普段のずれの0.2＝20％高かっただけ）が、客数が普段のずれの0.7＝70％少なかったので、その結果売上高は、普段のずれの範囲の1.3倍大きく落ち込んでいた。

分析する際、変数が増えると、単位が混在することも多く、このような単位を消した比較が重要になることがあるので、ぜひ「標準化」という手法があるということを覚えておいてください。

「単位」が同じでも標準化は必要!?

さて、「標準化」は単位を消して、異なる単位の変数を比較するときに有効ということを学習しましたが、実は、単位が一緒の変数でも、標準化することが必要な場合があります。例えば、国語の試験60点と英語の試験70点のどちらの成績がよかったかを考える場合です。

単純に得点の比較では、英語の成績のほうがいいですが、このテスト、国語の問題がとても難しくて、国語の平均点は50点、英語の平均点は60点としたらどうでしょうか？

どちらも偏差は＋10ですが、国語のテストは、多くの人が平均点50点の周りにいて、平均点50点で標準偏差5点だったとします。一方、英語のテストは、0点の人も多く、逆に100点の人も多く、点数の差が大きくて平均点60点で標準偏差が20点だったとします。

だとしたら、平均点から10点高い得点を取っても、ばらつきが小さい（標準偏差が5点だった）国語での10点のほうが、英語での10点（標準偏差が20点）よりも、よくできた科目だと感じると思います。これらから、標準化得点で比較すればよいことがわかります。

> 国語の標準化得点（60点－50点）÷5点＝2
> 英語の標準化得点（70点－60点）÷20点＝0.5

といった具合に、国語の60点は高い評価ができそうだとわかるでしょう。

LET'S TRY

演 習

> 学校の成績以外に「偏差値（標準化得点）」を使ったら役立ちそうなデータを考えてみましょう。

第10章 平均と標準偏差を活用しよう

127

03 ずれの大きな値に チャンスを見つけよう

偏差値とか標準化とか、そんなに便利なんでしょうか。

ずれの評価を活用すると「チャンス発見」につながりますよ。データ活用では、重要な考え方なんです！！

大きなずれに着目しよう

売上高と比較するために、ここでは「客単価」に着目してみましょう。以下は、客単価の標準化得点を折れ線グラフで表したものです。標準化得点ですので、「金額（単位：円）」を評価しているのではなく、普段からどれくらい客単位が高いか（もしくは低いか）を割合の形で表したことになります。

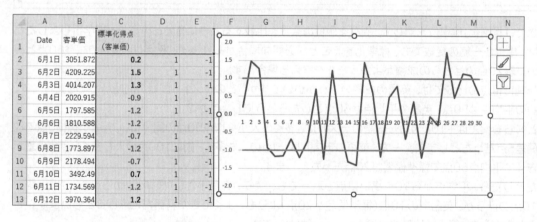

	A	B	C	D	E
1	Date	客単価	標準化得点（客単価）		
2	6月1日	3051.872	0.2	1	-1
3	6月2日	4209.225	1.5	1	-1
4	6月3日	4014.207	1.3	1	-1
5	6月4日	2020.915	-0.9	1	-1
6	6月5日	1797.585	-1.2	1	-1
7	6月6日	1810.588	-1.2	1	-1
8	6月7日	2229.594	-0.7	1	-1
9	6月8日	1773.897	-1.2	1	-1
10	6月9日	2178.494	-0.7	1	-1
11	6月10日	3492.49	0.7	1	-1
12	6月11日	1734.569	-1.2	1	-1
13	6月12日	3970.364	1.2	1	-1

このグラフには2本の補助線を追記してみました。位置は、1.0上のラインと1.0下のライン(-1.0)です。標準化得点0の位置は平均点を指し、±1.0は標準偏差1つ分の位置を表します。標準偏差は、平均からのずれの平均値を意味しているので、「平均値±標準偏差」は目安として使えます。常に標準偏差1つ分を目安にするわけではありませんが、今回はそれを使います。

さて、平均値±標準偏差の範囲をこの期間の**「普段」の客単価の範囲**と考えてみましょう。標準偏差が平均からのずれの平均であることを考えれば、この想定はさほど違和感はないはずです。

そう考えると、データはこの範囲に入る日と、範囲を超える日とに分けられることになります。皆さんは、どちらのデータに焦点を置いて考えるでしょうか。

普段の傾向を把握したいのであれば、この上下のラインの間のデータに着目するはずです。でも、この範囲は「普段」なのですから、もしこのお店のことをよく知っているなら、「当たり前」の結果に見えると思います。

一方、範囲を超えているデータはどうでしょうか。「当たり前の範囲」の外にあるわけですから、当たり前ではない≒着目に値するのではないかと考えることもできるでしょう。

このように想定を超える値を取るデータのことを**「外れ値」**と呼びます。外れ値は想定を超えている値ですから、「なぜそんな値になっているのか」を考えることで、何か想定していない発見が得られる可能性があります。

> 「外れ値」への着目でヒントを見つけましょう。

ずれを2つに分けて比べてみよう

さて、もう一度、先ほどの折れ線グラフを見てみましょう。外れ値には、2つの種類があることがわかります。

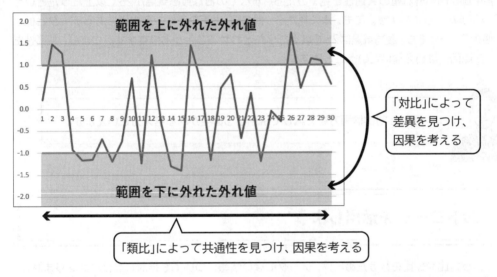

当たり前といえば、当たり前なのですが、データの読み方で、この違いを意識することが重要になります。

対比で原因を考えよう

まず、上に外れたデータ群と下に外れたデータ群を比較してみましょう。大きく外れたもの同士を比較することで「客単価が高かった日と低かった日」の違いがわかりやすくなります。このような比較のことを**「対比」**と呼び、両群の違いを探す視点でデータを読み込んでいきます。いわば、両群の違いを生じさせている「原因」を探索するという方法です。この「対比」から「因果（原因と結果の関係）」を探すという思考は、データからヒントやチャンスを発見する際に強力な方法になります。

ここで「対比」を外れ値で行ったのはなぜだかわかりますか？　逆に、平均値より少しだけ多く売れた日と少しだけ売れなかった日を比較しても、差を生じさせている要因を思いつきにくいためです。そのようなわずかな差を生じさせた（思いついた）要因は、たまたまの偶然でしかないかもしれません。したがって、大きく外れた日を「外れ値」で特定し、それを比較するほうが、意味があるのです。

ただし、この方法には難点もあります。それは、大きく異なるものの対比で、**ものすごく当たり前の原因が見つかってしまう**可能性もあることです。例えば、来店者数が大幅に少ない日と多い日を比べた結果、「豪雨があったか否か」という要因がわかったとしても、「まあ、それはそうだろう」という感想にしかなりません。とはいえ、いろいろ試行錯誤しながら、要因を発見するには、対比というのは重要な比較方法ですので、ぜひ活用しましょう。

類比で原因を考えよう

対比の難点を補ううえで、もう1つの比較方法も活用することが必要です。それは、**「類比」**という比較の仕方です。これは「上に外れた値の共通性は何か」「下に外れた値の共通性は何か」というように、似たデータの共通性を軸に原因を考えていくという視点です。この「類比」から「因果」を探すという思考も、データからヒントやチャンスを発見する際に強力な方法になります。ただし、類比による比較にも難点があります。それは、共通性があっても、それは**他のデータにも当てはまってしまうかもしれない**ということです。

例えば、客単価が高い外れ値の共通性を見てみたら、すべての日は最高気温が25℃以上だったという共通点が見つかったとしましょう。でも、よく見たら、他の日(上下のラインの内側にあるデータと低い方向の外れ値のデータ)でも、最高気温は25℃以上だったとわかることがあり得ます。つまり、共通性だけでは、それが原因とはいえないということです。

類比と対比は両方を意識して併用する必要がある考え方といえます。

フィールドワークを活用しよう

さて、こういう対比や類比を行うためには、データにない情報についても検討しなければなりません。先ほどの例でいえば、データに最高気温という変数がなくても、もしかしたら最高気温が影響しているかも、と考えてデータを探して確認するという具合です。したがって、データを読み込める背景知識が必要になります。

今、様々な分野でデータ活用人材が求められるのは、その分野の知識がある人でなければ、データから発見を得にくい、つまりファクトからファインディングを導きにくいからです。背景知識とデータ分析力を兼ね備えた人材が期待されています。

それでは、その分野の知識がないと絶対にデータ活用ができないのでしょうか？ そんなことはありません。その場合は、データを離れ、現場に出て追加情報を取得することで、背景知識不足を補えます。現場に出てリサーチすることを、**フィールドワーク(フィールドリサーチ)**といいます。データ分析では、データの加工、計算だけでなく、こういったリサーチ力も期待されます。

外れ値の特定がフィールドでの発見に役立つことがある

　では、データをまったく分析せずに、いきなりフィールドワークに行けばいいのかというと、それは非常に非効率です。

　例えば、先ほどの例のように、外れ値を調べて「来店者が特に多かった日」と「特に少なかった日」を特定してから、フィールドで聞き取り（ヒアリング調査）を行ってはどうでしょうか。

　「来店者が多い日と少ない日の違いは何ですか？」と漠然とした質問をするのと、「『来店者が特に多かった〇月〇日や〇日』と『特に少なかった〇月〇日と〇日』とで、何か違いがありましたか？」と聞くのでは、得られる結果が異なるはずです。

　それは、自分で他のデータを眺めるときも同じです。比較すべきものを絞ってから、追加情報を検討しないと見えないものがあります。そのためにも、データから外れ値を特定するという方法を活用できるようにしましょう。

LET'S TRY

演 習

ボストンの住宅価格のデータで、外れ値（平均からかなり高い家もしくは安い家）を特定し、対比、類比を行ってみましょう。そして、データに含まれる他の変数で、その違いや共通性を探して発表し、議論してみましょう。

COLUMN

偏差値とは

　標準化した得点を見たことがある人は少ないかもしれませんが、テストで「偏差値」という値を見ることは多いのではないでしょうか？　実は、偏差値と標準化得点は、以下の関係にあります。

偏差値　＝　50点＋標準化得点×10

　要は、真ん中（平均点）が50点となるように、ずれを10倍したものを加えた値が偏差値で、標準化得点と同じことを意味しています。先ほどの例の国語と英語の偏差値を求めると、次のようになります。

国語の偏差値　50点＋2×10＝70
英語の偏差値　50点＋0.5×10＝55

外れ値をもっと活用しよう

外れ値の活用が役立つことはわかりましたが、実際にどんなところで使われているのですか。

例えばビッグデータの中で使われています。外れ値の役割はますます増えているんですよ。

ビッグデータの1つの大きな役割

先ほど、外れ値から「対比」や「類比」を行うことで、新たな知見を得るということを学びましたが、データ自体の件数(行方向の数)が少なかったらどうでしょうか。外れ値が少なすぎて、共通性や違いを見つけにくいかもしれません。それに対して、ビッグデータであれば、外れ値もある程度の量が得られるでしょうから、対比や類比が行いやすくなります。

とかくビッグデータは、「今までデータ化されていない物事をデータ化できたこと」に価値があると喧伝されがちですが、それ以外にも、外れ値からヒントを得やすくなるという利点があります。

ただし、ビッグデータは、データの取り扱いが大変です。サイズが大きいので、ちょっとした作業も時間がかかったり、高いコンピュータ性能が要求される上に、データベースやプログラミングの技能も求められたりします。

しかし、ビッグデータの分析は非常に役に立つので、可能な限り、データベース(の使い方)やプログラミング(の使い方)についても学習しておき、ビッグデータを活用できる準備をしておくことをおすすめします。まだまだこれらを得意にしている人材は少なく、身に付ければ強力な武器にできます。

単発の外れ値と連続する外れ値

さて、もう1つ外れ値の異なる活用方法を覚えておきましょう。以下のグラフは、先ほどの6月のデータの続きを足したグラフです。どんな印象を持つでしょうか。

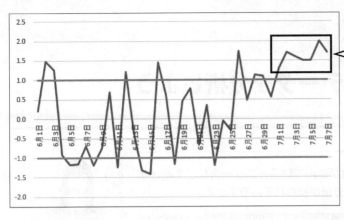

連続して上のラインを
超えてきたら「普段」
から傾向が変わった
（構造変化が起きた）
と見えないだろうか？

　7月に入り、連続して上方向の外れ値が続いて現れました。これをもとに「たまたま多かった日が続いた」と考えるか、そもそも「普段（平均値±標準偏差）」が変わった＝増加傾向に構造が変わったと考えるかは、意見が分かれるところでしょう。もう少しデータが増えてくれば、「あの頃から、構造が変わった」と確認できるかもしれませんが、それではチャンスを逃してしまうかもしれません。

　このようにリアルタイムで外れ値をウォッチすると、構造変化の発見に役立つことがあります。これらは**異常値検出**とか**構造変化検出**などと呼ばれますが、基本は「外れ値」への着目で、様々な分野で活用できる手法です。

この手法は、実際に株価の推移やネットへのアクセス数の推移などの
データの監視などでも活用されています。

LET'S TRY

演 習

ここまで学習した内容をどんな分野、どんなデータに活用できるか考えてみましょう。売上のようなビジネスデータだけではなく、様々な分野に応用できるので、自分でその応用方法を考えるのとあわせて、他者の行った応用事例をネットで探してみましょう。

01 人事評価データを分析しよう

最近、人事データの活用が進んでいるとニュースなどで聞きましたが、人事にもデータ分析が使われるんですか？

人事評価と聞くと難しく感じるかもしれないけど、学校のテストのデータだって人事評価データですよ。もちろん、それを分析して、皆さんを評価していますから。

確かにそうですね……。

評価データの基本的な分析

　最近、働き方改革やデジタルトランスフォーメーション(DX)の流れが加速し、人事評価データなどヒューマンリソース(HR)データの活用に期待が高まってきています。人事評価にデータを活用すると聞くと、何か目新しい話に思えるかもしれませんが、人の評価をデータに基づいて行うというのは、古くからなされてきたデータ活用の方法です。その典型的なものが、学校などの試験データの活用です。ここではテストのデータの分析を通じて、人事評価でのデータ活用について学習していきましょう。ここでは、国語、英語、社会、数学、理科の5科目について100点満点のテストで50人を評価したデータを分析していきましょう。

	A	B	C	D	E	F	G	H	I	J	K	L	M
1	ID	国語	英語	社会	数学	理科							
2	1	99	90	72	77	78							
3	2	87	83	86	80	98							
4	3	80	78	72	68	82							
5	4	78	52	53	50	56							
6	5	78	88	80	88	91							
7	6	74	64	44	43	41							
8	7	96	65	81	56	65							
9	8	78	89	54	25	62							
10	9	94	88	84	72	79							
11	10	76	65	67	86	80							
12	11	97	87	51	52	58							
13	12	67	51	79	88	91							

　さて、ここで5科目の合計点を計算しておきましょう。それをそれぞれの学生の総合点として評価しようと考えてみます。合計はSUM関数で計算できます。そのうえで、この合計点でデータの並べ替え(降順)にしたものが以下の結果です。合計点の平均点とばらつき(標準偏差)なども計算してみましょう。

	A	B	C	D	E	F	G	H	I	J	K	L	M
1	ID	国語	英語	社会	数学	理科	合計点			合計点			
2	2	87	83	86	80	98	434		平均	310.2			
3	5	78	88	80	88	91	425		標準偏差	67.1			
4	25	94	78	78	80	88	418		最低	191.0			
5	9	94	88	84	72	79	417		最高	434.0			
6	1	99	90	72	77	78	416						
7	24	98	82	80	47	95	402						
8	22	74	62	87	90	82	395						
9	39	77	72	65	90	88	392						
10	15	99	88	70	50	74	381						

セル【G2】 ＝SUM(B2:F2)を下方向にコピー
セル【J2】 ＝AVERAGE(G$2:G$51)
セル【J3】 ＝STDEV.P(G$2:G$51)
セル【J4】 ＝MIN(G$2:G$51)
セル【J5】 ＝MAX(G$2:G$51)

　結果を見ると、最低点191.0、最高点434.0となっていて、240点以上も差があることがわかります。また、平均点は310.2で標準偏差が67.1ということも確認できます。これらをもとに、学生の成績を評価して問題ないでしょうか？　人事評価の場合、何をどのように評価するかによって、その人の評価の高低が変わってきますので、採用した方法が適切かどうかを考えることが大切です。ここでは合計点を使いましたが、これには問題がある可能性があります。この点をあらためて確認していきましょう。

合計得点に意味があるか？（偏差値の活用）

この点を確認するために、各科目の平均値と標準偏差を計算してみましょう。

	A	B	C	D	E	F	G	H	I	J	K	L	M	N	O
1	ID	国語	英語	社会	数学	理科	合計点			合計点	国語	英語	社会	数学	理科
2	2	87	83	86	80	98	434		平均	310.2	71.3	63.8	58.1	54.1	62.8
3	5	78	88	80	88	91	425		標準偏差	67.1	17.0	16.9	17.7	21.0	17.3
4	25	94	78	78	80	88	418		最低	191.0	31.0	15.0	11.0	13.0	25.0
5	9	94	88	84	72	79	417		最高	434.0	99.0	90.0	88.0	90.0	98.0
6	1	99	90	72	77	78	416								
7	24	98	82	80	47	95	402								
8	22	74	62	87	90	82	395								
9	39	77	72	65	90	88	392								
10	15	99	88	70	50	74	381								

セル【K2】 ＝AVERAGE(B$2:B$51)を右方向にコピー
セル【K3】 ＝STDEV.P(B$2:B$51)を右方向にコピー
セル【K4】 ＝MIN(B$2:B$51)を右方向にコピー
セル【K5】 ＝MAX(B$2:B$51)を右方向にコピー

　まずわかるのは、科目ごとの平均点が異なるということです。国語は平均点が71.3と高く、数学は平均点が54.1と低い傾向があります。ということは、仮に国語と数学で60点を取ったとしても、国語では平均点以下、数学では平均点以上になってしまいます。この点を踏まえずに、単純に合計してしまっては、問題が生じてしまいます。

また、標準偏差も科目によって異なっています。標準偏差が大きな数学と小さな英語では、平均点から同じだけ高い得点を取ったとしても（例えば、英語で平均点から10点高い得点と、数学で平均点から10点高い得点）、標準偏差の小さな英語のほうがよくできたという評価になるはずです。

> これらの点を踏まえると、5科目がそれぞれ100点満点という同じ評価方法の変数であっても、単純に合計していいとは限らないとわかります。

そこで、第10章で勉強した**偏差値**を活用します。偏差値を活用すれば、科目ごとの平均値と標準偏差（ばらつき）の違いの影響を取り除くことができます。

	Q	R	S	T	U	V	W	X	Y	Z	AA	AB
1	ID	国語	英語	社会	数学	理科	偏差値の平均		合計点（元の点数のままの合計）			
2	2	59.2	61.3	65.8	62.3	70.3	63.8		434			
3	5	53.9	64.3	62.4	66.2	66.3	62.6		425			
4	25	63.3	58.4	61.3	62.3	64.5	62.0		418			
5	9	63.3	64.3	64.7	58.5	59.3	62.0		417			
6	1	66.2	65.4	57.9	60.9	58.8	61.8		416			
7	24	65.6	60.7	62.4	46.6	68.6	60.8		402			
8	22	51.6	48.9	66.3	67.1	61.1	59.0		395			
9	39	53.3	54.8	53.9	67.1	64.5	58.7		392			
10	15	66.2	64.3	56.7	48.1	56.4	58.3		381			
11	3	55.1	58.4	57.9	56.6	61.1	57.8		380			
12	12	47.5	42.4	61.8	66.2	66.3	56.8		376			
13	10	52.7	50.7	55.0	65.2	59.9	56.7		374			
14	48	59.8	65.4	57.9	52.4	50.1	57.1		372			
15	50	59.2	58.9	53.9	61.4	47.2	56.1		367			

セル【R2】＝STANDARDIZE(B2,K$2,K$3)＊10+50を右方向と下方向にコピー
セル【W2】＝AVERAGE(R2:V2)を下方向にコピー

これを見てみると、例えばID10とID48の学生を比べた場合、合計点ではID10の学生のほうが上位なのに、偏差値の平均ではID48の学生が上位になり、**結果が逆転している**ことがわかります。

人事評価に限らず、何か対象を評価する場合、その評価基準が変われば結論は変わってしまいます。とはいえ、合計点が絶対に無意味というわけではなく、どう評価することが、「適切」だといえるのかを考えて基準を決めていく必要があります。そのためには、採用した基準がおかしくないかを考える癖を付けておくことが必要です。

評価項目数によって有利不利が出る？

それでは、偏差値の平均値で評価するという方法に問題はないでしょうか。ここで5科目の構成を見てみましょう。今回は、「国語」「英語」「社会」「数学」「理科」の5科目で評価しています。この科目群を、**文系力と理系力**に分けて、前者を「国語」「英語」「社会」に、後者を「数学」「理科」に分けてみたらどうでしょうか。もし文系科目が得意な学生と、理系の科目が得意な学生がいたとしたら、3科目含まれているこの評価方法は、文系科目が得意な学生に有利に（理系科目が得意な学生に不利に）働くはずです。だとしたら、文系科目の偏差値の平均点、理系科目の偏差値の平均点をそれぞれ計算し、その2つの平均偏差値の平均を計算したほうがよさそうです。

複雑になってきましたが、結果は以下のとおりになります。細かな点よりも、評価項目（5科目）をそのまま平均していいのかという点について、確認してください。

	Q	R	S	T	U	V	W	X	Y	Z	AA	AB	AC	AD
1	ID	国語	英語	社会	数学	理科	偏差値の平均		合計点（元の点数のままの合計）		文系科目の偏差値の平均点	理系科目の偏差値の平均点	「文系/理系の偏差値の平均点」の平均	
2	2	59.2	61.3	65.8	62.3	70.3	63.8		434		62.1	66.3	64.2	
3	5	53.9	64.3	62.4	66.2	66.3	62.6		425		60.2	66.2	63.2	
4	25	63.3	58.4	61.3	62.3	64.5	62.0		418		61.0	63.4	62.2	
5	9	63.3	64.3	64.7	58.5	59.3	62.0		417		64.1	58.9	61.5	
6	1	66.2	65.4	57.9	60.9	58.8	61.8		416		63.2	59.8	61.5	
7	24	65.6	60.7	62.4	46.6	68.6	60.8		402		62.9	57.6	60.3	
8	22	51.6	48.9	66.3	67.1	61.1	59.0		395		55.6	64.1	59.8	
9	39	53.3	54.8	53.9	67.1	64.5	58.7		392		54.0	65.8	59.9	
10	15	66.2	64.3	56.7	48.1	56.4	58.3		381		62.4	52.3	57.3	
11	3	55.1	58.4	57.9	56.6	61.1	57.8		380		57.1	58.9	58.0	
12	12	47.5	42.4	61.8	66.2	66.3	56.8		376		50.6	66.2	58.4	
13	10	52.7	50.7	55.0	65.2	59.9	56.7		374		52.8	62.6	57.7	
14	48	59.8	65.4	57.9	52.4	50.1	57.1		372		61.0	51.2	56.1	
15	50	59.2	58.9	53.9	61.4	47.2	56.1		367		57.3	54.3	55.8	

5科目の偏差値の平均値と、文系/理系に分けて計算したものをもとにした偏差値の値が異なっていることがわかります。このように評価の仕方による違いを確認しながら、どんな方法がよいのかを考える癖を付けましょう。

文系・理系のくくり方って意味がある？

さて、次に進む前に、今採用した、文系科目、理系科目というくくり方についても再検討しておきましょう。これらのくくり方は、よく用いられる使い方ですが、なぜそれに違和感がないのでしょうか。それは「経験的に、文系科目の成績と理系科目の成績は、別の能力だ」という考えが、なんとなく世間で共有されているからです。ただし、**本当に国語が得意な学生は、英語や社会が得意なのか**と考えると、必ずしもそうはいえないかもしれません。

そこで、どの科目とどの科目の得点傾向が似ているか（例えば、国語ができる学生は、他のどんな科目で成績がよいのか）を確認する方法が必要になります。

次のSECTIONでは、科目（変数）の類似性を評価する方法として、散布図と相関分析という方法を学習していきます。

LET'S TRY

演習

5科目の成績データについて、ここまで解説した「偏差値」や「偏差値の平均」などの計算手順を確認しておきましょう。第11章.xlsxを計算して、模範解答と同じになるかを確認しましょう。もし、難しい場合には、模範解答を見て、どんなセルにどんな式が入っているかを確認するだけでも、何をしているかの理解が深まりますので、少なくとも模範解答のシートの中身は確認しましょう。

SECTION 02 散布図から似ている評価を特定する

どの科目(変数)とどの科目(変数)が似ているかを判断するなんてできるんですか?

まずは、グラフで確認する方法を覚えましょう。散布図を使えば、傾向を簡単に確認できますよ。

散布図を描いてみよう

　今回の5科目の成績データは、それぞれ100点満点の量的変数です(P.57参照)。この量的変数同士の関係を視覚化するには、**散布図**というグラフを利用するのが便利です。「国語」と「英語」の成績について、散布図を描いてみましょう。

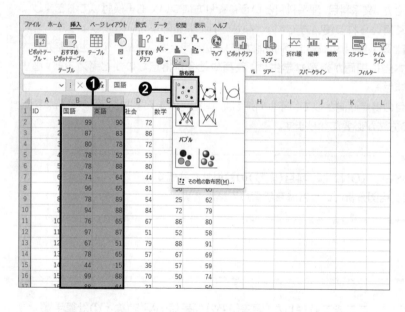

1　グラフ種類の選択

❶ 国語と英語の点数の範囲を選択(【B1:C51】)
❷《挿入》タブの《散布図(X,Y)またはバブルチャートの挿入》→《散布図》を選択

　すると次のような散布図が描かれます。なお、散布図は、選んだデータ範囲の左側が横軸に、右側が縦軸になります。この場合、横軸が「国語」、縦軸が「英語」で散布図が描かれます。

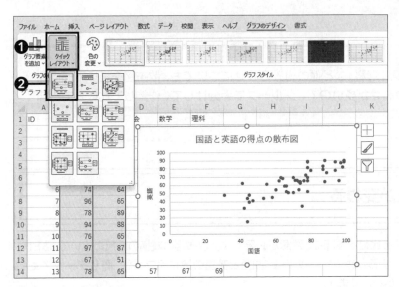

2 軸ラベルを追加

❶《グラフのデザイン》タブの《ク
イックレイアウト》をクリック
❷ 左上のレイアウトを選択
❸ 軸ラベルが追加されたら、ク
リックして「国語」「英語」などの
ラベルを入力

同じ手順で描いた「国語」と「数学」の散布図も並べておきました。これらを見て、何がわかるかを考え
てから、読み進めましょう。

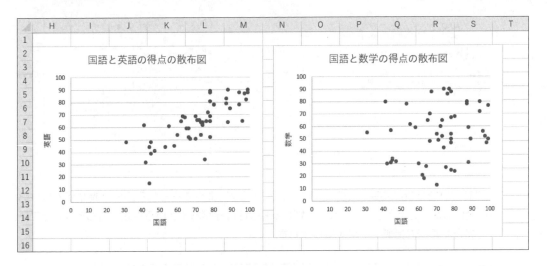

散布図を見ると、「国語の点数が高い学生は英語の点数も高く、逆に国語の点数が低い学生は英語の点
数も低い」という右肩上がりの関係が見えると思います。それに対して、「国語」と「数学」では、成績に関
連性があるようには見えません。この結果だけからでも、「国語と英語の成績は関連するから、まとめて
得点化してもよさそうだが、国語と数学の成績はまとめないほうがよさそうだ」と感じられると思います。

このように関連性を視覚化することで、似た動きをする変数を検討で
きるようになります。

「国語」と「社会」、「国語」と「理科」など他の組み合わせについても、散布図を描いて傾向を検討しましょう。組み合わせが多いので、グループで手分けして、作業して比較してみましょう。

縮尺の違いで印象が変わる

さて、他の人が作った散布図と比較する際に、注意が必要です。散布図の縦横の縮尺の違いで、関連性が強く見えたり、弱く見えたりするためです。以下は、国語と英語の散布図ですが、**同じデータでも縮尺の違いで印象が変わる**ことがわかります。

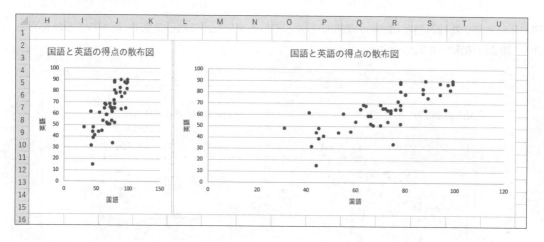

これはグラフを用いた分析に共通する課題ですが、デザインによって得られる印象が異なってしまいます。グラフは全体の傾向を把握しやすい反面、解釈の客観性に難があるという課題を持ちます。そこで、解釈に客観性を持たせる統計指標を併用するわけです。

散布図での関係性を表す指標としては、「相関（ピアソンの積率相関）」というものがよく使われます。

相関って何？

国語と英語の散布図を再度見てみましょう。2科目に右肩上がりの関連性（傾向）が見えると思います。そこで、以下のグラフを見てみましょう。分析上は意味のないものですが、相関を理解するには役に立つ散布図で、「国語」と「国語」という同じ変数で描いたグラフです。

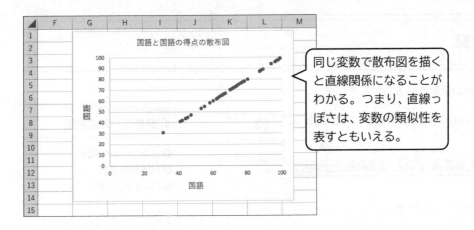

同じ変数で散布図を描く
と直線関係になることが
わかる。つまり、直線っ
ぽさは、変数の類似性を
表すともいえる。

　この直線関係が、変数間の類似性を表す点に着目したのが**「相関分析」**です。なお、相関にはいくつ
かの種類があるのですが、一般的に「相関」といった場合には、「ピアソンの積率相関」を示すことが多く、
Excelでの分析ツールの相関もこのピアソンの積率相関を示しています(以降「相関」と表記します)。
　この相関分析によって得られた相関の強さを表す値を**「相関係数」**と呼びます。相関係数の絶対値(＋・
−を取り除いた値)は0から1の間をとります。完全に直線関係にある場合は「1」、まったく直線関係が見
られない場合は「0」の値をとります。一般的には、以下のように判断されます。

相関係数の絶対値	ほとんど相関関係がない	弱い相関関係がある	相関関係がある	強い相関関係がある
	0　　　　　　　0.2	0.4	0.7	1

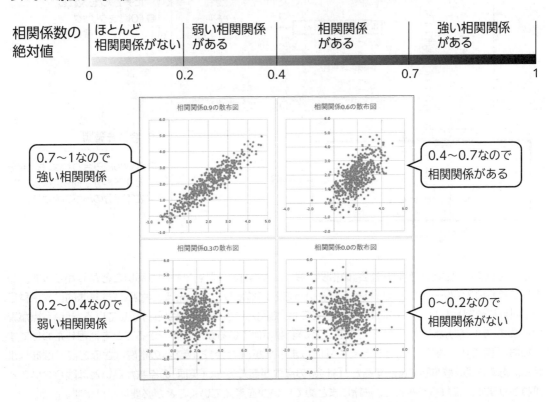

0.7～1なので
強い相関関係

0.4～0.7なので
相関関係がある

0.2～0.4なので
弱い相関関係

0～0.2なので
相関関係がない

　なお、直線関係は、右肩上がりの場合と右肩下がりの場合があります。右肩上がりの場合は相関係数
が「＋」、右肩下がりの場合は「−」になります。

相関の計算

それでは、5科目の相関を計算してみましょう。

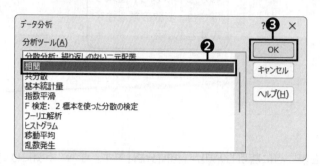

1 分析ツールの選択

❶ 分析ツールを表示
❷ 《相関》を選択
❸ 《OK》をクリック

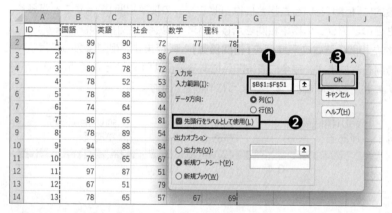

2 範囲の指定

❶ 《入力範囲》に点数の範囲を指定(ここでは【B1:F51】を指定)
❷ 《先頭行をラベルとして使用》にチェックを入れる
❸ 《OK》をクリック

3 結果を確認

❶ 変数の組み合わせは、右上半分と左下半分が同じになるため、左下半分のみが出力される

結果を見ると、「国語」「英語」「社会」の相関が高く、「数学」と「理科」で相関が高いことがわかります。つまりこれらの2グループに分けられそうだということがわかります。先ほど説明した「意味的に文系科目、理系科目に分割した」というのに対して、ここでは「相関という分析結果から分類している」という点が異なります。データ分析によって、どの変数とどの変数が似ているかが判断できることを活用したわけです。

なお、「国語」「英語」「社会」とひとくくりにしましたが、「社会」と「英語」の相関はさほど高くはありません。念のため、散布図で確認すると、「社会」の点数が高くても、「英語」の点数が高いとは限らないことがわかります。これらをもとに、一緒にまとめていいかを考えていくことが必要になります。

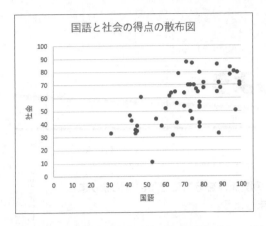

関係性があっても相関が0？

　相関を使ううえで、大切な注意点があります。(ピアソンの積率)相関は、あくまで**直線関係の程度**を表しているので、相関が0に近くても関係がないとは限りません。以下の事例を見れば明らかです。

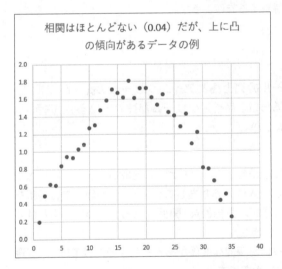

　この例のように、**相関がほとんどない(相関が0に近い)場合でも、2つの変数に関係がある**ことがあります。したがって、いきなり相関を計算して「相関が0に近いから、2つの変数には関連性がない」と判断すると、本来ある関係性を見過ごす可能性があります。散布図を描き、全体の傾向がどうなっているのかを確認することが大切ですので、この点を忘れないようにしましょう。

LET'S TRY
演 | 習

先ほどの相関の計算では、5科目の成績データを100点満点のまま計算しました。同じ手順で、5科目の成績の偏差値で相関を計算してみましょう。その結果、そのままの値での相関と、偏差値で計算した相関が同じになることを確認しましょう(相関は、計算途中に平均や標準偏差の違いを加味するステップがあり、どちらから計算しても同じ結果になります)。興味がある人は、共分散と相関の関係を調べてみましょう。

03 相関分析を応用しよう

散布図と相関から、2つの量的変数の関係性を分析できるようになりました。
これらを応用する方法を考えてみましょう。

背後にあるものを想像しよう

2変数の量的変数の関係を考えるために、散布図や相関分析は、とても多用される分析です。では、次のような変数の関係に相関が見られたとしたらどう解釈するでしょうか。

> あるスーパーの売上データを分析したら、ビールの売上高とアイスクリームの売上高に相関があることがわかりました。「ビールが売れる日は、アイスクリームが売れている」という関係です。これからどんなことがわかるでしょうか。

この関係を見て、「アイスクリームをおつまみに、ビールを飲む」とか「ビールを飲むとアイスが食べたくなる」と因果関係があるように考えるのは、(そういう人はいるかもしれませんが)無理がある解釈だと感じると思います。実は、相関関係は、あくまで**2変数の(直線的な)関係がある**といっているだけで、どちらが原因になっているかといった視点は加味していません。

このように相関が高い関係があった場合、それぞれに直接的な関係があると考えるだけではなく、**背後に共通する要因があるのではないか**と考えることも大切です。

この例でいえば、「アイスクリームが売れた(結果)のは、その日が暑かった(原因)からだ」という関係と、「ビールが売れた(結果)のは、その日が暑かった(原因)からだ」という関係があり、2つの別の関係性に「その日が暑かった」という共通要因があったために、アイスクリームとビールとの売上に相関が見られたというわけです。

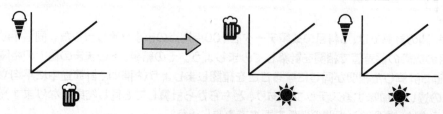

ビールとアイスクリームに相関がある?　　　「暑かった」という共通要因があった

このように、共通要因を考える視点の先には、「相関の高い変数の背後にある共通要因を特定し、得点化する」という分析が考えられます。Excelでは分析ツールに実装されていないため、専門ソフトが必要になりますが、「因子分析」や「主成分分析」と呼ばれる手法が、それに該当します。

この段階では、相関関係は、変数の直接的な関係を考えるだけではなく、背後の共通性を考えるためにも使えるということを覚えておくだけで十分です。

外れ値探しに、ラベル付き散布図を活用しよう

相関関係が強いと散布図は直線的な点の集まりになるのは、すでに学習しました。例えば、国語の点数が高いと英語の点数が高いといった具合に、右肩上がりの傾向が見られるというのが、先ほどの事例でした。この点を踏まえて、散布図を再度見てみましょう。

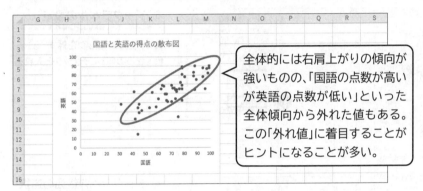

全体的には右肩上がりの傾向が強いものの、「国語の点数が高いが英語の点数が低い」といった全体傾向から外れた値もある。この「外れ値」に着目することがヒントになることが多い。

全体傾向に対して、外れている値に着目してみます。全体としては、国語と英語の関係が強いのに、「国語はできるけど、英語ができない」という学生がいることがわかります。相関が高いほど、この外れた値（外れ値）が目立つことになります。

その「外れ値」に着目すると、どうして全体傾向とは異なるのかを考えることになり、何かヒントを得るきっかけにできます。

そのためには、この外れ値がどの対象者（行）のデータなのかを簡単に特定できると便利です。ここでは、点にラベルを付けた**「ラベル付き散布図」**の描き方を学習し、外れ値を検討しやすくする方法をマスターしましょう。

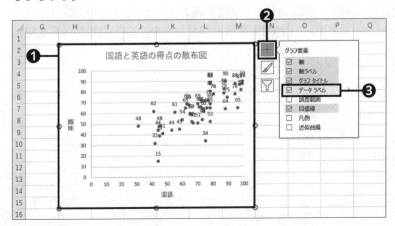

1 データラベルを追加

❶ 散布図をクリック
❷ 右の《＋》アイコン（グラフの要素）をクリック
❸ 《データラベル》をチェック

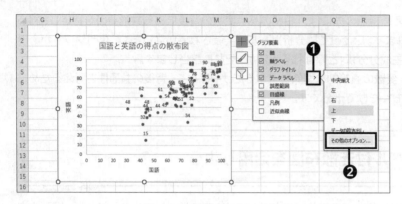

2 データラベルの設定

❶《データラベル》にマウスポイン
タを合わせて▶をクリック

❷《その他のオプション》をクリック

データラベルのオプションの設定画面が出ます。「ラベルの内容」の初期値は「Y値」になっているので、これを「セルの値」に変更してA列を参照するようにします。

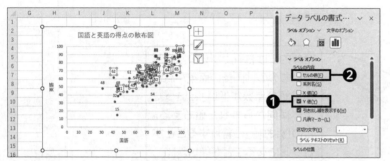

3 データラベルの設定

❶《Y値》のチェックを外す

❷《セルの値》にチェックを入れる

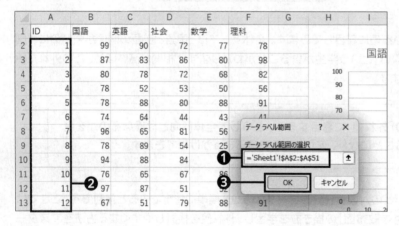

4 データラベル範囲の選択

❶《データラベル範囲の選択》を
クリック

❷ラベルにしたいセルを指定
（【A2:A51】）

❸《OK》をクリック

その結果、各点にラベルが付いた散布図が完成します。この散布図を見ると、ID37やID35、ID14などが全体傾向から外れた学生だとわかります。この学生がどんな学生かを調べることで、ヒントを得ようというわけです。

146

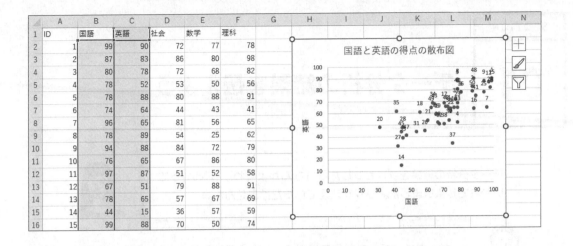

散布図から因果関係の分析に発展させる

　ここまでは、あくまで2変数の関係を分析する方法でしたが、場合によっては、因果関係を想定した分析をしたいことも少なくありません。その場合、どちらかを原因変数、他方を結果変数とみなした分析をする必要があります。

LET'S TRY

演｜習

「国語」と「英語」以外の散布図についても、ラベル付き散布図を作成してみましょう。

01 データ分析の結果を伝えよう

データ分析の結果をプレゼンしたら、「なんかよくわからない」っていわれてしまいました。コツを教えていただけませんか。

せっかく分析した結果ですから、うまく伝わらないともったいないですね。結果のまとめ方についても学習しておきましょう。

「データ活用のまとめ」の成否は、分析前に決まっている!?

　データ分析を自分のためだけにする場合を除き、分析結果は「誰か」に伝えなければなりません。当たり前といえば当たり前ですが、まずは「誰の」「どんな課題解決」のための分析なのかを意識して分析し、それをその人の目的に合った形でまとめていくことが大切です。とはいえ、意外とこの点が意識されていないため、せっかくのデータ分析の結果が「役に立たない」と評価されてしまうことがあります。ここまで学習した分析手法をうまく活用するためにも、この点を整理しておきましょう。

1）事前ヒアリングをしっかり行おう

　まず重要なのは、データ分析の前に、その結果を使う人にしっかり「ヒアリング」などを行い、事前に分析結果として必要な点を確認しておくということです。

　料理に例えるとわかりやすいのですが、作った料理を食べる人が「何を食べたいか」を聞いておかなければ、せっかく作った料理を評価してもらえないのと同じです。データ分析であれば、**「何を知りたいのか」**を確認しましょう。

　その際、もう1つ大切なのは**「何は食べたくないか」**についても聞いておくことです。例えば、直前に食べたものだから食べたくないとか、嫌いだから食べられないといった具合です。これをデータ分析に置き換えてみましょう。例えば、あるイベントの来場者に満足度調査をするとしましょう。それを依頼した側が知りたいのは「満足したか」ではなく、「満足しなかった人がどれくらい」で「なぜ満足できなかったか」だったとします。それなのに、分析報告で「どこに満足したか」を詳細に報告しても、「知りたいのはそれじゃない」と却下されてしまうでしょう。

　とても当たり前なようですが、データ分析がうまくいかない理由は、そもそも分析して報告すべき点がずれていたという点にあることを覚えておきましょう。

2）分析結果を使う人が、実は何を知りたいかを理解していないことがある

　もう1つ多い失敗点に、分析結果を使う人が実は、何をしたいかがよくわかっていないということがあります。料理でいえば、「何を食べたいかよくわかっていないが、なんとなく食べたい」状態の人に料理を提供するのと同じです。

こういう人に限って何かの料理を提供すると、「他のものがよかった」という反応をするものです。これはデータ分析でも同じです。でも、これはある程度仕方がない面もあります。というのは、「どんな結果（料理）が提供されるか」をイメージできないと、具体的に何が欲しいかを事前に伝えられないからです。

そこで重要なのは、ヒアリングなどの事前確認の際、事例などをもとに**「こんなデータでこんな分析をすると、こんなことがわかるので、それを報告します」**というように、相手に結果をイメージできるものを示すことです。料理でいえば、コースメニューに含まれる具体的なメニューを見せて、このコースでいいか確認するイメージです。

事前のやり取りで、誰に何をどのように報告すればよいかを確認しておけば、分析を報告した際に「知りたかったことと違う」と評価されてしまうことを避けられますので、ぜひ事前確認に時間をかけましょう。

3）分析結果を使うのは、誰と誰か？

1)、2)では分析結果を使う相手に事前確認をする大切さを説明しましたが、分析結果を使うのは、あなた（分析者）が直接説明する相手とは限りません。あなたが説明した相手がさらに他の誰かに説明する場合など、実際に分析する結果を使う相手とあなたが直接話ができないこともあります。

さらに、レポートなどの場合、より多くの人に読まれる反面、直接説明できないことが普通です。したがって、どの人の範囲までこの分析結果が使われるのかをしっかりイメージすることが大切です。

4）具体的な利用者が特定できない場合は、レビューを活用する

3)までのポイントは、分析結果をある程度絞り込むことが可能で、事前に確認も取れる前提でしたが、実際にデータ分析をする場合、具体的な結果の利用者を特定できないことも少なくありません。例えば、大学で論文を書くとか、研究発表をするといった場合は、分析結果の利用者は不特定多数になりますから、事前確認ができません。その場合でも、必要となる分析の想定は大切なのは変わりません。

そこで、重要になるのが**「レビュー」**です。レビューとは、先行事例（研究）を調べ、そのテーマについて、今どこまでわかっていて、何がわからないのかを整理確認する作業です。これをしておかないと、せっかく分析しても「そんなのすでに入手できる情報だ」という評価がなされてしまいます。手間のかかる分析であればあるほど、事前に「すでにわかっていること」を知ったうえで、何が付け加えられるかを確認しておき、無駄とならない分析にすることが大切です。

そのためには、まずはGoogleなどの検索を活用しましょう（P.54参照）。今は、検索エンジンを活用すれば、膨大な情報をもとにレビューが行えます。ただし、その一方で、あまり役に立たない情報ばかり見つかることや、場合によっては嘘の情報も含まれていることがあります。集めた情報が正しいデータ分析によって得られたもの、すなわち「信頼できる情報か否か」について確認しながら、情報を活用しましょう。この点については、次のSECTIONで、皆さんの情報が「信頼できる」ために必要な情報を含むまとめ方を学習します。

5）分析結果に含める範囲を事前に決めて、宣言する

分析の前に確認して（決めて）おくべきなのが、**「分析結果に含める範囲をどこまでにするか」**といった視点です。これもしばしば起きることですが、分析を伝えた際に「あれも知りたい、これも知りたい」と次々にリクエストされることがあります。この反応はある意味ではよい反応なのですが、データ分析という立場から考えると、あまり好ましいともいえません。というのは、あるデータから得られる知見は切り口によって無数にあるため、すべてを網羅することはできないためです。したがって、もし今回の分析で「さらに明らかにしたいこと」が出てきた場合には、別の報告として分離することを、分析時点で確認しておくことをおすすめします。先ほどの料理の例でいえば、食べ放題コースではないのに、（追加料金も払わず）あれも食べたい、これも食べたいと注文を受けるようなことと同じになってしまいます。データ分析はなぜか分析を依頼する側が、「食べ放題（追加分析を依頼し放題）」だと思っている人が多いことに注意しましょう。

そこで、重要になるのが「分析に含める範囲を宣言する」ことです。これは事前の分析設計だけではなく、報告（レポートやプレゼン）の冒頭に、この分析の目的を宣言するということです。その目的に対しての分析結果をまとめるのが、その報告の役割だということを宣言することで、「（宣言に入っていない点について）あれが明らかになっていない」というようなピントがずれた指摘を回避（はねのける）できます。もちろん、その宣言した目的が、1）から4）の過程でしっかり意味のある目的になっていることが前提になります。ここまでが「よりよい報告のために分析の前に確認しておくこと」のポイントになります。

LET'S TRY
演 習

「誰に」「何を伝える」ための分析報告なのかを考える練習として、以下の演習を行いましょう。①他の人が書いた「分析レポート」を（検索エンジンなどで）探す。②その分析レポートが想定している「誰に（対象者）」と「何を伝える（目的）」を読み解き、まとめてみましょう。この練習をすると、自分のデータ分析の設計の仕方、まとめ方のための力を養うことができます。

結果のまとめ方を工夫しよう

ここからは、データ分析後の具体的なまとめ方についてのポイントを学習していきましょう。キーワードは、「汎用性」「信頼性」「解釈可能性」「再現性」です。

- **「汎用性」：分析結果が分析に用いたデータを超えて、どこまでの範囲に適用できるか**
- **「信頼性」：得られた分析結果が適切なデータと分析手順で得られたかどうか**
- **「解釈可能性」：データや分析結果が何を表しているのかがわかるかどうか**
- **「再現性」：同じ分析を復元できるかどうか**

1）使ったデータの詳細を記述しよう

まずは、どんなデータを分析対象にしたのかをしっかり記述（言及）するという点です。地味な内容ですが、データ分析結果の「汎用性」「信頼性」「解釈可能性」「再現性」を担保するには、どうしても必要な部分です。

1-①母集団の明確化

P.60で学習したとおり、知りたい分析対象全体のことを「母集団」といいます。もし、母集団すべてのデータが入手できていれば、全数調査として「誤差」なく結果を用いることができます。ただし、あくまで、その母集団の話に限定されます。

例えば、ある教室のある科目で試験を行い、その得点を分析したとしたら、その時点のその科目でのその教室のメンバーの成績については言及できますが、その試験の得点のみから、その科目の能力が測れたとはいえないはずです。例えば、ある日の国語の試験で成績が悪かったとしても「たまたまその試験に苦手な問題が多かっただけで、実は国語能力が高い」ということがあるためです。

つまり、一部のデータからの分析結果をどこまで一般化するか（汎用度を設定するか）といった視点と、データの説明は不可分だということです。

ここで重要なのは、**本当に知りたい対象（母集団）は何で、それを一部のデータで推定する場合に、適切なデータになっているか**を説明することです。そうでなければ、「信頼できない」という評価になってしまいます。

1-② 調査時期、サンプリング方法とサンプル数の明示化

　母集団について記述する際に、**いつ集めたデータなのか**についても明示する必要があります。これも直感的にわかると思いますが、同じ人でも時期によって値が変わることがあるためです。例えば、睡眠時間を調査したとして、試験直前の時期と普段の時期とでは、値が変わるでしょう。したがって、どのタイミングで集めたデータかといった具体的な記述とともに、その時期が適切であると考えられる理由についても説明することが望まれます。

　加えて、全数調査ではない場合、**どのように標本データ（サンプルデータ）を何件集めたのか**を明示する必要があります。これも仮説検証（第7章参照）で学習したとおり、データ数が少なければ、誤差が大きく（たまたまである可能性が高く）なりますし、母集団から適切にサンプリングできていなければ、そもそもゆがんだデータで分析することになってしまいます。こういった懸念を生じさせないためにも、サンプリング方法とサンプル数についても記述しましょう。

　なお、サンプル数を記述する際、**どれくらいの回収率だったか**についても記述することが望ましいとされます。例えば、アンケートを10,000件配布し、回収できたのが100件だったとすると、99%の人は回答しなかったことになり、回収率が1%ということになります。通常回収率100%ということはほとんどあり得ないため、テーマによっては、回収率が低いことは仕方がないことも多いのですが、分析結果を読む側が、回収率が低いデータだと知って読む場合と知らずに読む場合では、解釈が異なることがあります。

　例えば、ある商品の満足度調査をしたとして、回収率が低かった場合、「不満がある人」だけが回答している可能性があるかもしれません。そうだとすると、回収できたデータでの満足度は、実際の対象者の満足度よりも低めに結果が出てしまうでしょう。もちろん、真の値はわからないのですが、分析者が解釈する際に使える情報として、回収率を示しておくことも重要となります。

1-③ 変数の明確化

　次は、変数の明確化で、その値は「**何を測定した値か**」がわかるようにするということです。この問題は特にアンケートデータを使う際に重要になります。例えば、「最近買ったシャンプー」という調査をした場合に、その聞き方が「最近1カ月以内に」買ったのか「半年以内に」買ったのか、それとも特に期間を指定していないのかで、得られたデータの解釈が変わるはずです。

　このように、分析に使っているデータがどのようなデータなのかをしっかり説明することが、「解釈可能性」にとって重要となります。

　また、データ分析の結果は、他の分析に利用されることがあります。あなたの分析結果を再確認するための調査／分析がされたり、もしくは同じ方法を他の母集団で実施し比較研究に用いられたりといった具合です。その際に、同じデータを集められるようにするためにも、変数の明確化は不可欠です。これは「再現性」に関わる重要なポイントになります。

2）どんな分析をしたかを説明しよう

　データについての記述の次は、そのデータを**具体的にどのように分析したか**を記述することです。これも「信頼性」「再現性」などに関わりますが、何をどう料理したかがわからない食べ物に不安を感じることがあるのと同じく、分析手法がわからないと信頼できないということもあります。また、他者が同様の分析をしようとしても再現できなければ評価できないという問題も生じてしまいます。

　もちろん、まったく分析を知らない人がそれを読むだけでわかるまで詳しく記述する必要はありません。

3）ファクトとファインディングを区別しよう

　1）と2）によって、分析結果を得るまでの記述を行ったら、今度は結果の記述をする際のポイントを押さえてまとめる必要があります。ここでは、全体に共通する視点として「ファクト」と「ファインディング」の違いについて、再度確認しておきます。

　データ分析では。適切なデータを分析すれば、誰が計算しても同じ結果が得られ、それは「ファクト（事実）」として結果が得られます。いわば、データから得られた事実の記述です。それに対して、それが何を意味するのかは、分析者が解釈を加えることが必要です。この分析結果から見つけ出した結果を「ファインディング」と呼びますが、ファインディングを得るには解釈が必要になります。

　分析結果の報告では、この「ファクト」と「ファインディング」がごっちゃになってしまっているものが、少なくありません。だからといって「ファクト」のみにしてしまっては、分析者に期待されている成果としては不十分ということもあります。「ファインディング」を含める際には、この違いがわかるような記述になるように心掛けましょう。

4）レポートとプレゼンの違いを理解しよう

　さて、ここまで分析の目的やデータ、分析の仕方などの記述ポイントについて学習してきました。ただしこれを用いる際、レポート、論文、報告書のように文章でまとめるか、プレゼンをするための資料（PowerPointなど）でまとめるかで扱いが異なります。

　通常レポートなど読み物としてまとめる場合、読み手は順を追って読み進めていくので、「目的」「データ」「分析手法」「結論（ファクト・ファインディング）」という順にまとめていくのが一般的です。それに対し、プレゼンなど口頭で伝える場合には、先に「目的」と「結論」の関係を示したうえで、それが「どんなデータをどう分析した結果から得られたのか」を聞いたほうが理解しやすくなります。

　文章は自分のペースで読めますし、読み返しもできるので、ロジカルに記述されていることが読み手にとっても都合がいいのですが、口頭発表の場合、聞き手は「目的と結論」を先にわかりやすく説明されることを好む傾向にあります。前者がロジカルなのに対して、後者はエモーショナルな基準を重視するともいえ、よりストーリー性を考えて構成を練る必要があります。

　詳細を入れてしまうとかえってストーリーがわからなくなる場合は、脚注、文末脚注、もしくは別添資料（Appendix）としてまとめることをおすすめします。分析結果を伝える最優先ポイントは「相手に伝わること」で、そのうえで「信頼性」などを補うという順序で構成を考えましょう。

5）他者の資料でプレゼンしてみよう

　Googleなどで検索すると、レポートのように文章でまとめられた分析結果と、PowerPointのように資料としてまとめられたものが見つかります。PowerPointなどの形式の資料を見つけ、これをもとにプレゼンをしてみる練習をしましょう。人の作った資料をもとに説明しようとすると、わかりやすい点だけではなく、わかりにくい点を見つけることができます。もしわかりにくい点があれば、「資料の順番を変更するとしたら、どんな構成に変えるべきか」、「資料に追加すべき情報があるとしたらどんな情報か」を考えると、よい分析結果のまとめ方、伝え方とは何かがわかるようになります。

LET'S TRY
演　習

　上記のように、Googleなどの検索でデータ分析結果をまとめた資料を探し、よりよい資料にするための方法を考えてみましょう。その際、できれば、その資料をもとに、誰かに内容を伝える（プレゼンする）練習もしてみましょう。

02 分析手法の全体像を知っておこう

> いろいろな報告書を調べてみたら、知らない手法がたくさんあって、よくわからないのですが。

> 詳細は個々に分析するとしても、データ分析の手法を整理しておきましょう。そうすれば、人の事例を読めるだけではなく、この先、どんな勉強をするか決めやすくなります。

データ分析は、4つの手法群でできている

データ分析を進めていくと、これまでに説明したもの以外にも、様々な手法があることがわかってきます。データ分析や統計学の書籍にはたくさんの手法が載っているため、とても難しく感じてしまうかもしれません。個々の手法を理解し、使いこなすためには、それぞれをしっかり学習する必要があるので、難しいことは確かです。しかし、事前に手法全体を整理して理解しておけば、何を優先して勉強すべきかという判断がしやすくなります。また、他者の分析結果を見たときに、細かなことはわからなくても、何をしているのかがわかるようになります。

そこで、以下に4つの手法に整理したので、それぞれの目的を確認していきましょう。

①要約

まずはデータの要約手法です。すでに学習したとおり、データを見ているだけでは全体像が把握しづらい場合、パっと見て傾向がわかるようにデータをまとめていくのが、要約です。「平均」「分散・標準偏差」「頻度・割合」といった統計量やそれを視覚化したグラフを活用します。これらについては、本書でも学習してきましたので、Excelでの分析方法も含め、ぜひ復習し、データ分析に活用していきましょう。

②関係性分析

2つ目は、関係性分析です。この点も本書で学習してきた内容です。関係性分析と先ほどの要約の決定的な違いは、要約が1つずつの変数に着目するのに対して、関係性では2つ以上の変数の関係に着目します。そして、その関係は、因果がない関係(本書で紹介した相関など)と因果のある関係(本書では紹介していないt検定やF検定などの仮説検定、回帰分析など)に分かれます。

基本はすでに学習したとおりなのですが、ここで、関係性分析に関連する手法についてもまとめておきたいと思います。大別すると、関係性分析は3つに分けることができます。

1）式を当てはめて関係の仕方を明らかにする手法群

　1つ目は、回帰分析のように数式の形で関係性を把握しようという手法群です。回帰分析の発展系に、ロジスティック回帰やポアソン回帰というような分析が該当します。ここではそれらの手法がどんな手法かを理解する必要はありません。まず理解する点は、関係の仕方を式で表そうとする手法群があるという点です。

2）ルールを当てはめて関係の仕方を明らかにする手法群

　2つ目は、関係性を式ではなく、ルールで明らかにしようとする手法群です。例えば、「牛肉とタマネギを買い物かごに入れている人は、カレールーも買う」というような関係性の記述です。この例であればPOSデータ（小売店の購買履歴データ）から、データに潜んでいる「AかつBならばC」というようなルールを探してくる方法です。残念ながらExcelの標準機能ではこれらの手法が使えないため、本書では解説していませんが、「ルールから関係性を考える手法」があるということはぜひ覚えておいてください。

3）xとyの関係の仕方はよくはわからないが予測できる方法を考える手法群

　3つ目は、関係性の形は具体的にはよくわからない（ブラックボックス化している）が、xを与えるとyの予測ができるというような手法群です。ディープラーニングとかニューラルネットワークと呼ばれる手法が該当し、最近着目されています。これらの手法もExcelの基本機能では分析できないため、今後ますます注目が高まるものなので、こういった手法があるということは覚えておきましょう。

③分類

　ここからは本書では解説してこなかった手法群ですが、まずは**「分類」**手法を理解しておきましょう。以下の図を見るとわかりやすいと思います。

変数から対象を見る視線

ID	変数A	変数B	変数C	変数D	分類
1	○○		○○	○○	Aグループ
2	○○	○○	○○		Aグループ
3	××	○○	○○	○○	Bグループ
4	○○	○○	○○	○○	Aグループ
5	××	○○	○○	○○	Bグループ
6	○○	○○	○○		Aグループ
7	△△	○○	○○	○○	Cグループ

ある変数（複数でも可）から、どの対象が似ているのかを見ていく。似ているか否かは「距離」で判断する。

分析結果としてグループ変数（所属グループ）か所属確率という新しい変数を作成する。

変数A、B……が商品名、数値が期間内の購入数として、どんな商品をどれくらい買っているかで、似ている対象（回答者）を分類するというイメージです。

　簡単にいうと「分類手法とは、行の似たものを集める」ことです。例えば、上の図の行に皆さんの名前が入っていて、列に様々なアンケート質問が入っていたとしましょう（例えば、ブランドAやブランドBがどれくらい好きかなど）。このデータをもとに「どんなブランドが好きなのか」といった基準で、「誰（どの行）と誰（どの行）」が似ているのかを判断し、グループに分けていくことが分類です。

有名な手法では「クラスター分析」という方法がありますが、まさに行の似たものを集めて、グループを作成する手法の代表例です。

そして、図にあるように行方向の似たものを集めると、どの行（人）とどの行（人）をグループとするかといった、「分類結果」を示す新しい変数が作成されます。いわば、変数から対象を見て、どの対象とどの対象が似ているかを「距離」で判断し、似ているものをまとめていくという手法です。

この手法は、ビジネスデータ分析では、非常に多用されます。というのは、似た傾向を持つ顧客をまとめてグループ化する（セグメント化するという）ことで、グループごとに適した戦略を立てられるようになるからです。

④縮約

最後は「**縮約**」という手法群です。以下の図を見てみましょう。「分類」手法に似ていますが、「縮約」では「変数」の似たものを集めていきます。

例えば、先ほど分類の例のように、行に皆さんの名前が、列に商品の購入数が入っているとします。今度は「列」の似たもの集めですので「どの商品（列）が一緒に買われているか」という傾向が似ている変数を探すといった視点です。

対象から変数を見る視線

ID	変数A	変数B	変数C	変数D	縮約
1	○○	○	××	○○	-0.25
2		○○	△△	○○	1.38
3	××	○○	××	○○	-1.65
4	○○	○○	△△	○○	0.98
	○○	○○	△△	○○	2.23
6	○○	○○	△△	○○	-0.02
7	△△	○○	○○	○○	-1.68

対象から見て、どの変数が似ているかを見ていく。

変数をまとめた新しい変数が作成される（主成分得点や因子得点など）。

これは本書の第11章で学んだ「相関」を応用できます。例えば相関（直線関係）があれば、似た傾向がある変数だと判断できると想定して、それらを合成して新しい変数を作ってしまうのです。第11章の最後にも触れましたが、因子分析や主成分分析といった手法などがその中に含まれます。

データが大量に蓄積される（ビッグデータ）時代には、変数の似たものをまとめて整理することが必要とされます。その際には、この「縮約」という手法も活用できることを覚えておきましょう。

これら4つの手法を知ると、データ分析手法の全体像を把握しやすくなります。今後データ分析をさらに学習したり、分析事例を読み解いたりするときに、それぞれの手法がどれにあたるのかを考えてみると、どんな分析で何をしているのかがわかりやすくなります。ぜひこの分け方を覚えておきましょう。

さらなる学習のために

データ分析をもっと使いこなすために、どんなことを勉強すべきでしょうか。

データ分析を効率化するための勉強と、データ分析を活用するテーマの勉強との両方を意識しましょう。

プログラミング言語も活用しよう

　先ほど見たとおり、データ分析には、Excelではできない分析手法もたくさんあります。もちろん、Excelでもかなりいろいろな分析ができるので十分だという人もたくさんいますが、高度な関係性分析や分類や縮約といった手法も使えれば、より多面的にデータを分析し、活用できます。

　そこで、データ分析の専門ソフトを学習することをおすすめします。データ分析ソフトには、有料のソフトと無料のソフトがあり、それぞれ一長一短ですが、おすすめは無料ソフトの「R」と「Python」というプログラミングソフトです。これらはともに無料のソフトなのですが、無料だからといって機能が少ないかというとそんなことはなく、むしろ有料ソフトよりもできることが多く、かつ、世界的にデータ分析で主流になっている強力なソフトです。

　本書ではこれらのソフトの細かな説明は割愛しますが、これらをおすすめするのは、どちらも「プログラミング言語」だからという点が1つの大きな理由です。

　データ分析は、試行錯誤の繰り返しなので、「あるメニューを選び、〇〇をクリック」といったソフトの操作では、どう操作して分析したかという履歴が残りにくいうえに、後で同じ分析をする場合は同じ操作を繰り返さなければなりません。それに対してプログラミング言語は、分析手順を台本(スクリプト)として書き、それをコンピュータに命令として読み込ませて分析させます。これなら何をしているのかもわかりやすいですし、プログラムを再実行するだけで同じ作業を繰り返せます。さらに、手順が台本(スクリプト)として読めますので、ミスを防いだり、他の人にその手順を説明したり、引き継いだりすることが容易になります。

　一見すると、プログラミング言語は確かに難しそうに感じるかもしれませんが、始めの部分をわかりやすく教えてもらえれば、意外と簡単に使うことができます。そして、その習得にかかった苦労以上に、使えることによって減る苦労のほうが多く、かつ、強力な武器を得ることで、できることが増えるというメリットが大きなスキルです。ぜひ、この先の学習の1つの分野として興味を持っていただければと思います。

データベースも活用しよう

　もう1つ、手間の削減ということで期待されているのが、データを管理するスキルの習得です。最近、DX(デジタルトランスフォーメーション)の推進が、いろいろな場面で提唱されてきています。その肝の1つは、データをいかに電子化し、管理するかにあります。そのためには、データベースを使える、もしくは設計／管理できることも強力な武器になります。

　データベースとは、対象も変数も多いデータを加工し、条件に合うデータを抽出するといった、データ管理を行うソフトです。

　データベースソフトの使い方だけではなく、SQL(Structured Query Language)というデータベースを使うための言語を学習していくこともおすすめです。プログラミング言語と同じく、難しく思える分野ですが、積極的なデータ活用という視点では、習得したいスキルの1つです。

LET'S TRY
演 | 習

R、Python、SQLといったキーワードで、これらがデータ分析でどんな役割を担えるかを調べてみましょう。

索 引

はじめて学ぶ
数理・データサイエンス・AI

（FPT2313）

2023年12月24日　初版発行

著作／制作：株式会社富士通ラーニングメディア

発行者：青山　昌裕

発行所：FOM出版（株式会社富士通ラーニングメディア）
エフオーエム
　　　　〒212-0014　神奈川県川崎市幸区大宮町1番地5　JR川崎タワー
　　　　https://www.fom.fujitsu.com/goods/

印刷／製本：アベイズム株式会社